技能人才通用职业素质培训教材

职业素质

人力资源社会保障部教材办公室
组织编写

中国劳动社会保障出版社

图书在版编目(CIP)数据

职业素质 / 人力资源社会保障部教材办公室组织编写 . -- 北京：中国劳动社会保障出版社，2023

技能人才通用职业素质培训教材

ISBN 978-7-5167-6060-4

Ⅰ. ①职… Ⅱ. ①人… Ⅲ. ①职业道德 - 教材 Ⅳ. ① B822.9

中国国家版本馆 CIP 数据核字（2023）第 171330 号

中国劳动社会保障出版社出版发行

（北京市惠新东街 1 号 邮政编码：100029）

*

北京市艺辉印刷有限公司印刷装订 新华书店经销

787 毫米 × 1092 毫米 16 开本 17.75 印张 291 千字

2023 年 10 月第 1 版 2023 年 10 月第 1 次印刷

定价：26.00 元

营销中心电话：400-606-6496

出版社网址：http://www.class.com.cn

主　编　崔秋立

副主编　尚绪强　张　峰

编　者　臧俊娜　张　峰　冯秀芬　尚绪强　王晴晴
刘一鸣　王　琦　朱艳静　温紫瑞　马芳芳

主　审　陈李翔　许琼林

丛书序

职业素质对于技能人才职业生涯的发展至关重要。它可以帮助技能人才提升自身的价值与竞争力，获得更多的就业机会，是新型技能人才不可或缺的基本素养。为贯彻落实党的二十大精神，深入实施人才强国战略、就业优先战略，加快建设国家战略人才力量，努力培养造就更多大国工匠、高技能人才，健全终身职业技能培训制度，建立完善适应新时代发展要求的高质量职业技能培训教学资源体系，提高职业培训质量，人力资源社会保障部教材办公室组织有关院校、研究机构、培训机构、行业和企业等各方面专家，编写了技能人才通用职业素质培训教材。

技能人才通用职业素质培训教材依据国家职业标准、技能人才通用职业素质培训课程规范开发，以培养劳模精神、劳动精神、工匠精神为引领，强化全体技能劳动者职业素质和职业道德培育，加强数字技能等通用职业能力培养。首批开发的技能人才通用职业素质培训教材共包括《劳模精神　劳动精神　工匠精神》《职业道德》《职业素质》《数字技能》4 本。

本书是开展技能人才通用职业素质培训的重要教学资源，适用于各级各类职业技能培训的通用职业素质类课程。

本书在编写过程中得到山东劳动职业技术学院、中国职业技术教育学会、北京修证公益基金会等单位的大力支持与协助，在此一并表示衷心感谢。

人力资源社会保障部教材办公室

序　言

为深入贯彻落实党的二十大精神和习近平总书记对技能人才培养的指示，落实《“十四五”职业技能培训规划》，进一步提高技能人才职业素质，满足技能人才队伍建设和职业培训的要求，我们组织编写了技能人才通用职业素质培训教材《职业素质》一书。

技能人才作为重要的人才类型，其职业素质既有职业素质的一般性，也有技能人才职业素质的特殊性。本书主要针对技能人才特点，从实际出发，对技能人才工作和生活中所体现出来的并能够应用于实践的基本职业素质和能力予以呈现。鉴于职业道德和数字技能另有教材专述，本教材不将其作为重点。本书共分 10 个章节，分别对应职业素质涵盖的职业认知、职业发展、职业意识、职业能力、质量意识、安全环保、健康素养、法律素养、心理素质、创新创造等方面的内容。

本书努力体现思想性、时代性。坚持以习近平新时代中国特色社会主义理论、党的二十大新精神为指导，按照中共中央办公厅、国务院办公厅《关于加强新时代高技能人才队伍建设的意见》和《“十四五”职业技能培训规划》的要求编写，体现了新时代党和国家关于技能人才队伍建设的新要求、新理念。特别是党的二十大关于深入实施人才强国战略、关于健全终身职业技能培训制度、关于完善劳动者权益保障制度、关于推动绿色发展等新思想、新理念，均在教材中有所体现。同时教材也体现了国家在技能人才队伍建设方面的新的举措、新政策和各方面新的实践，书中案例特别注意从近年来涌现出的高技能人才典型中选择，体现了时代特点。

本书坚持从实际出发，理论联系实际。一是对职业素质的把握，通过企业调研和专家访谈，确定职业技能素质的核心要义和技能人才通用职业素质的特殊含义；通过对企业资深人力资源管理者的访谈确定技能人才职业素质的构成要素，针对性强。二是案例的选择，本书尽量选择现实中的真实案例，以身边一线的大国工匠、普通工人为例，增强示范性、指导性和感染力。三是强化行动导向，努力做到不仅告诉读者做什么，而且提供“如何做”的路径和方法。同时本书也注重理论引导，将与职业素质相关的理论和知识贯穿其中，使读者加深对职业素质的理解。

本书在表现形式上做到语言朴实，通俗易懂，符合技能人才的阅读习惯。全书把握统一的编写体例、行文逻辑，由为什么要具备这项职业素质作为出发点，论述职业素质是什么的内涵，落脚到怎么提升职业素质的措施，由“要我做”变成“我来做”，将职业素质的提升变成日常的行为习惯。每章一般采用微故事导入，也不千篇一律，体现差异性。在语言表述上，尽量避免华丽空泛，做到朴实通俗，贴近企业职工，满足技能人才需求。

本书由崔秋立担任主编，尚绪强、张峰担任副主编。第 1 章由臧俊娜、张峰编写，第 2 章由冯秀芬、尚绪强编写，第 3 章由王晴晴编写，第 4 章由刘一鸣编写，第 5 章由王琦编写，第 6 章由臧俊娜编写，第 8 章由朱艳静编写，第 7 章、第 9 章、第 10 章由温紫瑞、马芳芳编写。本书在编写过程中得到了山东钢铁集团有限公司、豪迈集团股份有限公司、山东开泰集团有限公司、济南二机床集团有限公司等相关单位的大力支持与协助，在此一并表示衷心感谢。

职业素质教材编写组

目　录

第 9 章

培养良好的心理素质

第 10 章

把握我的未来

第1章

认识自我和职业

第1节 认识自己的职业角色

微故事导入

做高精尖设备维护第一人

作为全球最大的重型高速发动机制造基地，潍柴动力股份有限公司（简称“潍柴”）拥有世界一流的设备。2005年，为提升产品竞争力，潍柴大批引进了世界最先进的加工设备。在这些顶尖设备安装初期，负责调试的都是外方工程师，但在调试后设备废品率高达10%，外国专家也感到无能为力。此时，集团首席技师王树军挺身而出，根据非对称铸造件内应力缓释原理，在原设计基础上加装夹紧力自平衡机构，将废品率控制在0.1%之内，为中国企业和技能工人赢得了荣誉。

随着高精设备服役时间的不断增加，某款国外加工中心光栅尺故障频发。光栅尺是数控机床最精密的部件，相当于人的神经系统，一旦损坏只能更换。而采购备件费用高，还严重影响企业生产。“我怀疑这批设备有设计缺陷，导致了光栅尺损坏”，王树军大胆猜想。世界先进的设备怎么可能会有设计缺陷？在众人的质疑中，他拆解废弃光栅尺，用3D建模构建光栅尺气路空气动力模型，搭建了光栅尺独立气密气路，从而攻克了该型加工中心光栅尺气密保护设计缺陷难题，将故障率由47%降至1%，年创造经济效益780余万元。该设计填补了国内空白，也成为中国工人勇于挑战进口设备行业难题的经典案例。

“宝剑锋从磨砺出，梅花香自苦寒来”，自从1993年成为一名维修钳工，29年来王树军深耕内燃机高精尖设备升级与制造领域，独创的“机械传动微调感触法”“弹性支撑替代法及反铣刀铣削法”“垂直投影逆向复原法”等工作方法，解决了一系列装备制造和调试难题。

以王树军命名的创新工作室，2019年被评为国家级技能大师工作室。

此外，王树军还荣获了全国技术能手、全国五一劳动奖章、全国劳动模范等荣誉称号。2022 年 10 月，王树军作为中国共产党第二十次全国代表大会代表，出席了党的二十大，同年获得中华技能大奖。

故事分析

王树军从一个普通钳工，通过不懈的努力，成为一名能够解决进口设备调试难题的大国工匠，光荣当选为二十大代表。生动的事例说明，走技能成才之路，同样能够创造辉煌的人生。习近平总书记在党的二十大报告中指出，“教育、科技、人才是全面建设社会主义现代化国家的基础性、战略性支撑”“加快建设国家战略人才力量，努力培养造就更多……大国工匠、高技能人才”。这阐释了新时代实施科教兴国战略、强化现代化建设人才支撑的重大战略意义；明确了建设教育强国、科技强国、人才强国的出发点；充分说明了党和国家对高技能人才的重视，体现了高技能人才的战略地位。做一名技术工人，并有志于成长为高技能人才、大国工匠，对广大劳动者而言，是人生正确而重要的职业选择。

问题导入

读了王树军的故事你有何感受？给了你哪些鼓舞和启发？在人生道路和职业选择上你有哪些思考？

核心要素

职业认知

技能人才和高技能人才的职业特点

技能人才的职业发展

一、职业认知

职业认知简单来说是对职业的认识，也就是让自己明确认识工作的性质、领域和范围，并且分析自己能够做什么、适合做什么，从而做出正确的选择。职业认知是人们参与职业活动的基础，是产生职业认同和归属感的前提，是克服职业惰性、养成职业自觉的重要环节。清晰的职业认知对个人的职业活动和职业发展能够起到定位、调控、提升的作用。

对劳动者个人而言，建立正确的职业认知，有助于个人准确把握职业的方向和定位，增强工作积极性、主动性和职业成就感，有利于个人职业生涯发展。从企业的角度讲，为了应对激烈的市场竞争，需要更多高素质的员工，也需要着力培养员工正确的职业认知，要重视员工的职业化训练，增强员工的责任心与归属感，从而发挥团队整体合力。从社会整体角度来看，增强劳动者的职业认知，有利于劳动者从“自然人”向“职业人”转化，促进“共同的知识、共同的语言、共同的思维、共同的认同”形成，从而推动社会分工和职业的演变、进步和发展。

二、认识技能人才和高技能人才的职业特点

1. 技能劳动者是光荣的职业群体

劳动是人类生存和发展的基础和唯一手段，劳动最光荣、最崇高、最伟大。人类

的劳动成果是由劳动者的劳动实现的。自从有了劳动分工之后，各种不同形式的劳动，便有了职业的烙印。随着生产力发展和社会经济结构的变化，职业也在不断地发展和变化。据统计，我国技能劳动者已超过 2 亿人。技能劳动者是社会财富的创造者，也是社会主义的建设者。人类的发展进步，社会主义现代化宏伟目标的实现，离不开普通却又并不平凡的技能岗位，离不开每一位技能劳动者的默默奉献。

党和国家历来十分重视技能劳动者的培养和发展。具体来说，党和国家从政治上高度重视工人阶级的地位和作用；从经济和社会环境上努力提高和改善技能劳动者的待遇；从职业发展上，积极为技能劳动者构建成长成才的职业发展通道。特别是党的十八大以来，党和国家制定出台了一系列技能人才、高技能人才队伍建设的政策措施，为技能劳动者提供了人生出彩的舞台。

2. 技能人才及其职业特征

技能人才是指在生产和服务等领域的一线岗位，具备一定的专业知识和专业技术，有一定程度的操作技能，具备良好职业素质的技能劳动者。他们的共同特征是工作在生产服务一线，技能熟练，有良好的职业素质。

3. 高技能人才及其类型、特征

高技能人才是指具有高超技艺和精湛技能，能够进行创造性劳动，并为社会做出贡献的人，主要包括技能劳动者中取得高级工、技师和高级技师职业资格和职业技能等级的人员。“十三五”期末，我国高技能人才超过 5 000 万人，约占技能劳动者的 25% 左右。

（1）高技能人才的类型

1）技术技能型人才。技术技能型人才是在企业生产加工一线中从事技术操作，具有较高技能水平，能够解决操作性难题的人员，主要分布在加工制造、生活服务等职业领域，如高级钳工、高级中式烹调师等。

2）复合技能型人才。复合技能型人才是在企业生产加工一线掌握一门以上操作技能，能够在生产中从事多工种、多岗位的复杂劳动，解决生产操作难题的人员，如机电一体化人才、综合服务一体化人才，以及新兴的创意和操作一体化人才等。

3）知识技能型人才。知识技能型人才是既具备较高的专业理论知识水平，又具备较高的操作技能水平，能够将所掌握的理论知识用于指导生产实践，创造性地开展工作的人员，其主要分布在高新技术产业和新兴职业领域中。

（2）高技能人才的特征

1）高技能人才具有良好的思想品德和较高的职业素质。高技能人才有较高的思想政治觉悟，爱党爱国，爱岗敬业，具有劳模精神、劳动精神和工匠精神，对企业和社会能够做出突出贡献。

2）高技能人才具有高超的操作技能。高技能人才具备精湛的专业技能，能在关键环节发挥重要作用，能够解决生产操作难题，有绝技绝活，是生产一线的能工巧匠和技能带头人。

3）高技能人才具有创新、创造能力。高技能人才在工艺革新、技术改良、流程改革等方面，能够发挥积极作用。

4. 高技能人才的地位作用

高技能人才是我国人才队伍的重要组成部分，是各行各业产业大军的优秀代表，是技术工人队伍的核心骨干，也是国家重要的战略人才力量。

（1）科技创新和成果转化离不开高技能人才。高技能人才是促进科技创新成果转化的主力军，也是促进产业结构优化升级和经济方式转变的重要力量。推动科技创新不仅需要一大批设计师、工程师、高级管理人才，也需要一大批技艺精湛的高技能人才和数以百万计的高素质劳动者。只有他们才能解决科技创新的“最后一公里”问题。例如，为火箭焊接“心脏”的高凤林、“蛟龙号”载人潜水器装配钳工首席技师顾秋亮、“80后”造船工匠张东伟等，都是高技能人才的杰出代表。只有培养一支掌握先进技术、先进工艺和操作技能，具有较高素质的高技能人才队伍，才能提高企业的技术创新和科技成果转化能力；才能适应经济可持续发展和产品更新换代的要求，才能促进产业结构的优化升级；也才能加快实现经济发展方式转变，实现经济高质量发展。

（2）高技能人才决定着产品和服务质量。“没有一流的技工，就没有一流的产品”。我国正由制造大国向制造强国跨越。中国制造能够更多地走向世界，决定因素之一就是产品质量，而工人的技能水平和职业素质是影响产品质量的重要因素。高技能人才的主要特点就是有较高的职业素质和技能水平。一个企业的产品质量很大程度上取决于企业高技能人才队伍建设的水平。我国能够生产出大量世界水平产品的原因，就在于拥有一支高水平的技能人才队伍。

（3）高技能人才在生产一线能起到示范带头作用。高技能人才是在生产一线通过老师傅的技艺传授和个人的刻苦钻研成长起来的，他们反过来又用自己的高超技艺服务于企业的技术革新，并发挥“传帮带”作用培养新人。高技能人才的成长历程和奉献精神在生产一线能够对广大员工起到示范带头作用。

拓展阅读

什么是高技能领军人才？

2018 年，中共中央办公厅、国务院办公厅印发《关于提高技术工人待遇的意见》，就提高技术工人待遇提出如下意见。对为国家经济发展和重大战略实施作出突出贡献，具有高超技艺技能和一流业绩水平，并长期坚守在生产服务一线岗位工作的高技能领军人才，全面采取措施，切实加强服务保障和提高待遇水平。高技能领军人才包括获得全国劳动模范、全国五一劳动奖章、中华技能大奖、全国技术能手等荣誉以及享受省级以上政府特殊津贴的人员，或各省（自治区、直辖市）政府认定的“高精尖缺”高技能人才。

典型案例

中国重汽的高技能领军人才
——于伟

于伟是中国重型汽车集团有限公司（简称“中国重汽”）模具钳工首席技师，第十五届中华技能大奖、全国技术能手、全国五一劳动奖章获得者，国家级技能大师工作室带头人，享受国务院政府特殊津贴。

1989 年，于伟从技工学校毕业，进入中国重汽。他从模具钳工起步，勤学苦练，刻苦钻研，踏踏实实一步一个脚印，经过 30 多年努力，成为重汽行业的大国工匠。

在长期的生产实践中，他锻炼出了高超的职业技能，练就了“见件知模、见模知件”的行业绝活，可以快速、精确地解决产品易拉裂等问题。在成型、拉延模具修理方面，他自创了具有行业领先水平的“精快研配法”，此方法具有研配精度高、研配速度快等特点，大大提高了工作效率。

于伟带领团队以需求为导向，牢牢把握产业发展方向，针对企业发展过程中的关键瓶颈问题开展创新技术攻关。于伟及其团队为解决水流显示器装调过程存在的技术难题，进行市场调研、专利检索和创新设计，完成定位、固定、装配、调节等关键技术点改造，创造经济效益100余万元；针对陈旧冲压凹模取配的操作方法，提出了多种新颖、实用、有效的创新提取方案，采用场替代的方式，实现了凹模取配，极具行业推广价值。

自动化冲压线是国内重卡领域首条大型机器人全自动化大冲生产线，设备模具具有精度高、结构复杂等特点，于伟主动承担了提升自动化冲压线产能的攻关课题。他设计制作了过渡平台，机器人不再需要到工作台上取放产品件，节省了大量转运时间；同时，针对自动化大冲线模具定位依靠目测的问题，他专门定制了HOWO及HOWO-A7模具定位销，使每套模具都具备精定位导向装置，大幅度提高了模具定位精度。

于伟善于研究和总结。他主持参与的“水流显示器拆卸方案设计”“凹模取出装置应用”项目获得全国企业创新方法大赛二等奖、三等奖；“STR车门包边机开发与应用”等百余个项目荣获中国重汽技术革新奖项。在为中国重汽走向世界做出贡献的过程中，他由一名普通工人成长为名副其实的行业专家，成为我国装备制造业技能型人才向知识技能型人才转变的典范。

于伟还主动承担了“导师带徒”工作，经他言传身教，有50多名徒弟具备了独立加工维修模具、胎具的能力，其中8人取得技师职业技能等级证书，30多人取得高级工职业技能等级证书，6人取得工程师职称，3人取得高级工程师职称，3人获得国家级创新方法大赛大奖，多人在技术比武中获得冠亚季军，并均已成为行业的骨干力量。

案例分析

于伟用自己的高超技能、钻研精神，攻克了技术上的一个个难题，带出了一批批优秀的徒弟，为企业的生产效率提高、经济效益增加、成本节约、员工成长做出了巨大的贡献，体现了高技能人才的价值，充分展示了高技能领军人才的风采。

三、技能人才的职业发展

2022 年，党的二十大将高技能人才、大国工匠纳入“国家战略人才力量”，要求进一步“深化人才发展体制改革”，为技能人才队伍建设进一步指明了方向。

近年来，党和国家出台了一系列政策措施，为技能人才成长构筑了发展通道和良好环境。2018 年 3 月，中共中央办公厅、国务院办公厅印发《关于提高技术工人待遇的意见》。2022 年 9 月，中共中央办公厅、国务院办公厅印发《关于加强新时代高技能人才队伍建设的意见》，明确了今后一个时期推进高技能人才队伍建设的指导思想和目标任务，围绕培养、使用、评价、激励等环节提出了一系列政策举措。

一是提高高技能人才的政治待遇。注重依法依章程推荐高技能人才为人民代表大会代表候选人、政治协商会议委员人选、群团组织代表大会代表或委员会委员候选人。进一步提高高技能人才在职工代表大会中的比例，支持高技能人才参与企业管理。按照有关规定，选拔推荐优秀高技能人才到工会、共青团、妇联等群团组织挂职或兼职。建立高技能人才休假疗养制度，鼓励支持分级开展高技能人才休假疗养、研修交流和节日慰问等活动。

二是加大高技能人才表彰奖励力度。建立以国家表彰为引领、行业企业奖励为主体、社会奖励为补充的高技能人才表彰奖励体系。完善评选表彰中华技能大奖获得者和全国技术能手制度。国家级荣誉适当向高技能人才倾斜。加大高技能人才在全国劳动模范和先进工作者、国家科学技术奖等相关表彰中的评选力度，积极推荐高技能人才享受政府特殊津贴，对符合条件的高技能人才按规定授予五一劳动奖章、青年五四奖章、青年岗位能手、三八红旗手、巾帼建功标兵等荣誉，提高全社会对技能人才的认可认同。

三是健全高技能人才岗位使用机制。企业可设立技能津贴、班组长津贴、带徒津贴等，支持鼓励高技能人才在岗位上发挥技能、管理班组、带徒传技。

四是完善技能要素参与分配制度。引导企业建立健全基于岗位价值、能力素质和业绩贡献的技能人才薪酬分配制度，实现多劳者多得、技高者多得，促进人力资源优化配置。高技能人才可实行年薪制、协议工资制，企业可对作出突出贡献的优秀高技能人才实行特岗特酬，鼓励符合条件的企业积极运用中长期激励工具，加大对高技能人才的激励力度。畅通为高技能人才建立企业年金的机制，鼓励和引导企业为包括高技能人才在内的职工建立企业年金。完善科技成果转化收益分享机制，对在技术革新或技术攻关中作出突出贡献的高技能人才给予奖励。

五是拓宽技能人才职业发展通道。形成由学徒工、初级工、中级工、高级工、技师、高级技师、特级技师、首席技师构成的“新八级工”职业技能等级序列。畅通高技能人才向专业技术岗位或管理岗位流动渠道。建立职业资格、职业技能等级与相应职称、学历的双向比照认定制度。健全以职业资格评价、职业技能等级认定和专项职业能力考核等为主要内容的技能人才评价机制。

六是健全人才服务体系，促进技能人才合理流动，提高技能人才配置效率。建立健全技能人才柔性流动机制，鼓励技能人才通过兼职、服务、技术攻关、项目合作等方式更好发挥作用。引导企业规范开展共享用工。

七是提高高技能人才的社会待遇。支持各地将高技能人才纳入城市直接落户范围，高技能人才的配偶、子女按有关规定享受公共就业、教育、住房等保障服务。

总而言之，习近平总书记指出要“营造人人皆可成才、人人尽展其才的良好环境”。国家重视技能人才，社会主义现代化建设需要技能人才。每一名技能劳动者要有自豪感、荣誉感，同时要有责任感、使命感，立志技能成才、技能报国，为中华民族伟大复兴做出贡献。

拓展阅读

“新八级”职业技能等级制度

2022 年 3 月,《人力资源社会保障部关于健全完善新时代技能人才职业技能等级制度的意见（试行）》印发，在原有的初级工、中级工、高级工、技师、高级技师“五级”技能等级基础上，在初级工之下补设学徒工，在高级技师之上增设特级技师和首席技师，延伸和发展为新“八级工”制度。从老“八级工”制度，到“五级”技能等级，再到如今的新“八级工”制度，变化的不仅是数字，更是技能等级评价体系与标准。

小结与思考

本节主要介绍了正确的职业认知，技能人才和高技能人才的定义、类型、特征、地位作用，以及技能人才的职业发展等内容。

以下问题值得我们探究与思考。

结合实际工作，谈谈高技能人才的地位作用和基本特征，思考自己应怎样走好技能成才之路。

第2节 干一行、爱一行、专一行

微故事导入

"选择这份职业，就要做到最好"

湖南小伙子邹彬在平凡的岗位上坚守工匠精神，练就了一手砌墙的好技艺。在第43届世界技能大赛中，邹彬为中国捧回砌筑项目的第一枚奖牌。如今，这个"95后"小伙子已经成长为中国建筑五局总承包公司项目质量总监。邹彬不仅在工地上指导砌墙，还负责质量检查。他说，技能学无止境，每份职业都很光荣。

当初在走向社会选择职业的时候，邹彬在家人的鼓励下开始学习砌墙。建筑工地上机器轰鸣、人声鼎沸，但邹彬的心思全都放在眼前的那堵墙上。调浆、铺浆、切砖、垒砖、压实、勾缝……邹彬手脚麻利，砌出来的墙整齐美观。邹彬做工作认真专注、精益求精。他当年学习砌墙时碰到的第一个难题就是铺浆。邹彬通过询问老师傅发现，砖面不能太过倾斜，砌刀要在砖面上用力一刮，才能让砂浆粘得更牢。他反复练习，终于让砂浆牢牢地粘在砖面上，即使将砖面倒过来、晃一晃，水泥砂浆也没有落下。一排砖、两排砖……邹彬的额头上冒出豆大的汗珠，戴着手套的左手也磨出水泡，但他没有停下来，邹彬解释说："熟能生巧，找到了对的感觉，就想多练练手。"从砌第二面墙开始，他在挑砂浆时更加心细，力争减少差别。每砌完一排，都会回过头来检查一次，看看灰缝有没有对齐，墙面平整度、垂直度是否合格。即使是小瑕疵，他也要返工，绝不放过。

"既然选择了这份职业，就要做到最好。"这是邹彬的信念。邹彬的这份信念使他在第43届世界技能大赛赛场上获得成功。在他完成的墙面上，巨大的足球活灵活现，每一根线条都清晰流畅，具有很高的观赏价值。最终，邹彬获得了中国在世界技能大赛砌筑项目上的第一枚奖牌。

三百六十行，行行出状元。技能劳动者在平凡的岗位上坚守工匠精神，终将实现自我价值，拥有闪闪发光的机会。

故事分析

邹彬在选择了自己的职业后，便潜心钻研，刻苦训练，最终取得了世界技能大赛的奖牌。这充分说明只有爱岗敬业、持之以恒、追求卓越，才能提升人生的高度。干一行、爱一行、专一行，在平凡的岗位上创造不平凡的业绩，这是技能劳动者技能成才的共同特点。

问题导入

我们在工作中如何做，才能做到干一行、爱一行、专一行呢？

核心要素

适应工作岗位

热爱自己的工作

一、适应工作岗位

走好技能成才的第一步，首先是在工作之初要快速适应岗位。每个人确定了自己的职业后，往往有两种情况，一种是职业比较理想，但其中也有不尽如人意的地方，从事这一类职业，需要有针对性地做出调整；另一种是职业并不理想，要做到先就业后择业，在熟悉环境和工作过程中，进一步了解和认识岗位的意义和价值，逐步调整心态，投身其中。无论哪种情况，我们都可以参考下面的做法，快速适应工作岗位。

1. 熟悉工作环境

（1）熟悉工作定位。可以以本职工作为观察视角，了解清楚工作岗位的性质任务，在企业生产中的位置和作用。了解自己要做的工作有什么样的工作目标和要求，需要掌握什么知识和技能等。

（2）熟悉新的组织体系。熟悉工位、班组、车间以及企业的组织架构，纵向横向的关系，了解自己在组织体系中的位置，把握好自己在企业和社会中的角色。

（3）尽快熟悉人际环境。进入工作岗位，作为新手，需要时刻保持谦逊的心态，尊重领导，团结同事，多听多看，少说多做，多学他人长处，不轻易评论他人，积极从前辈身上汲取经验，帮助自己尽快提高。

2. 融入具体工作

（1）加强学习。向书本学习、向实践学习、向师傅学习，通过各种形式的学习和培训，尽快了解岗位要求和规范，掌握所需的知识和技能。特别是跟着师傅学习，把师傅的良好品德和绝技绝活学到手。

（2）手勤脑勤。脏活累活抢着干，积极主动，动脑筋，勤思考，快进步。遇到难题多请教，细琢磨。

（3）发挥优势特长。从自己的专长入手切入工作，努力做到学以致用。充分展示自身特点，让领导和同事尽快了解自己的优势和长处。

3. 遵守规章制度

遵章守纪是适应工作岗位的关键一环。要尽快了解企业的各项规章制度，包括考勤制度、生产责任制、安全管理以及财务、薪酬等方面的制度，避免违章违纪，做懂规矩、遵纪守法的好员工。

典型案例

从平凡中起步的大国工匠

全国职工职业道德建设标兵、北京工美集团北京握拉菲首饰有限公司高级技师孟剑锋：一参加工作，孟剑锋就全身心地投入工作和学习，在师傅的指导下苦练基本功。工作上难活、累活他总是抢着干。对做不好的产品一次次修正，直到合格为止。他虚心向老师傅求教，不放过每一个细小操作环节。为了练好一项操作手法，他经常下班后在车间独自练习。这种韧劲和执着也感动了师傅，师傅对他倾囊相授，悉心指导。几年下来，他全面掌握了生产车间的整套工艺流程，技术水平飞速提高。

2021 年大国工匠年度人物、中国航天科技集团有限公司四院 7416 厂特级技师徐立平：1987 年，不到 19 岁的徐立平从技校毕业，被分配到航天四院 7416 厂固体火箭（导弹）发动机药面整形岗位工作。到岗后，师傅对他说："这个岗位看着简单，其实很危险，手里这把刀关系着大家的性命！"接着，师傅带着他来到一块空地，用一根引线点燃一小包废药，浓烟升腾。吓了一跳的徐立平一下子就明白了师傅的意思。看着惊魂未定的徐立平，师傅淡然却坚定地告诉他，在这里干活，要练好刀功和手感，还要心静气沉不浮躁。此后，徐立平便从最基本的磨刀、拿刀、铲药练起。学徒第一年，他便练坏了十几把刀具。他很快从同龄人中脱颖而出，而他身上那股心无旁骛、志如磐石的品质，更是让师傅称赞有加。到后来，徐立平竟练成了"一摸准"的绝活，用手一摸，他便知道如何修整出符合设计要求的药面。

案例分析

大国工匠们的职业生涯，都是从平凡中开始，从一点一滴做起，日积月累才取得了日后的成就。他们的经历，对于每一个初入职场、立志技能成才的人，都有一定的启发。

二、热爱自己的工作

拓展阅读

激情、热情是人强烈追求自己的对象的本质力量。

——马克思《1844年经济学哲学手稿》

对待同志要像春天般的温暖，对待工作要像夏天一样火热……

——雷锋《雷锋日记》

工作着是美丽的。

——陈学昭《工作着是美丽的》

1. 认识工作的意义

工作是谋生的手段。绝大多数人成年之后都需要寻找一份工作，通过劳动取得收入，自食其力，作为自立自强的起点，未来还需要承担起家庭和社会的责任。同时，劳动是人类的本质活动，人类社会的发展进步也是由劳动来创造和推动的，而人类的劳动体现为每个劳动者的辛勤工作。因此工作的意义与人类的生存和发展密切相关。

建设社会主义现代化强国的目标，需要每个劳动者勤奋努力工作来实现。党的二十大报告指出，“今天，我们比历史上任何时期都更接近、更有信心和能力实现中华民族伟大复兴的目标，同时必须准备付出更为艰巨、更为艰苦的努力。”这就需要各行各业每个劳动者的努力工作和贡献。作为新时代的技能人才，应当树立为社会主义现代化强国建设、为中华民族伟大复兴贡献力量的远大理想，爱岗敬业，在具体的工作岗位上，为国家发展做出贡献。劳动最光荣、最崇高、最伟大、最美丽，技能人才要有对劳动、对工作的价值认同，在每一个具体的岗位上忠于职守，尽责任和义务做好自己的本职工作，这是一种良好的职业道德和人生态度。

工作岗位也是个人职业发展的平台。人们需要在工作中学习，在工作中成长，在工作中实现人生价值。努力工作是实现人生价值的途径。没有一个工作平台，不投入一项具体工作，任何职业理想都无从谈起。一个人不参与具体工作，也就没有学习、锻炼、成长的机会，更无法提高自己的知识和技能。对于技能人才来说，不投入具体工作，不在技能岗位上学习锻炼，也就无法成长为高技能人才和大国工匠。

2. 做到热爱工作

工作态度决定工作动力和精神。热爱工作与消极地应付工作，结果是完全不同的。工作中投入的热情越多、决心越大，工作的效率越高、成就越大。但理性上的认知并非等于情感上的投入。虽然很多人都能够理解工作的意义，但真正转化为对工作的热情和动力，可能还需要付出努力。特别是对于一些与自己设想有一定差距的岗位，更需要努力实现从被动应对向热爱工作的转变。

（1）要认识本职工作的价值。无论在生产线上还是在其他作业场所，每一个岗位的设置、每一项具体工作都有其价值，都是生产过程和链条上不可或缺的一部分。技能劳动者无论在什么岗位上，都要增强责任感和使命感，特别要把社会需要和个人职业理想结合起来，重视工作岗位对社会的贡献度。例如，焊工的工作环境相对艰苦，但技术要求高，社会贡献大且人才短缺，技能劳动者应该积极地投身其中，以高昂的热情做好工作。

（2）要看重岗位的学习锻炼机会。特别是初入职的新员工，单位不可能一开始就将责任大、要求高的工作交给你，只能从最简单的工作做起，比如小的工作项目、机械单一的重复劳动等。很多人面对这些便选择放弃或者采取应付的态度，结果放弃的不仅是一份工作，也可能是一个成长锻炼的机会。因为每一个岗位都有意义，对技能、意志品质和职业素质提高都有锻炼价值。有时，越是简单劳动、苦脏累险的工作，越有锻炼价值，也越能够做出成绩。这是因为简单劳动看似简单，但其实未必简单，真正做好、做到极致并不容易。立足岗位、踏实工作，是成功之路的起点；好高骛远，是每个人都要谨防的职业陷阱。

（3）脚踏实地，一步一个脚印，在不断提升中培养对工作的热情。积少成多，日进一步，《礼记 · 大学》中说“苟日新，日日新，又日新”，就是说要天天变革，天天进步。因此，要在每一天的工作中积极思考和寻找提高效率的方式，使得貌似枯燥单一的工作每天都有新的变化，每天都有新的提高。有些工作，貌似简单，但只要钻研进去，就会发现有很多提高改进的空间。当日日有进步，并得到大家认可时，就会更加热爱自己的工作。

典型案例

案例 1 “燕京第九景”
——张秉贵

在被誉为“新中国第一店”的北京市百货大楼前，一座半身铜像静静伫立。铜像塑造的是一位普通售货员——张秉贵。

1955 年，36 岁的张秉贵来到这里。当了糖果专柜的售货员。张秉贵认为，无论什么工作都是为人民服务，都有意义。他对工作投入了满腔热情。卖糖果，说起来很简单，人人能干，但干的质量和水平却有很大差别。他苦练售货技术和心算，练就了令人称奇的“一抓准”和“一口清”技艺，不管顾客要几斤几两商品，他一把就能抓准分量，在商品称好、包好的同时，价钱也就心算出来了，分毫不差。30 多年里，他接待顾客近 400 万人次，没跟人红过一次脸、吵过一次嘴，被称赞为“燕京第九景”。

案例分析

糖果专柜的售货员张秉贵，把看似简单的工作做到极致，做到“一抓准”和“一口清”，他的铜像成了“燕京第九景”。在他身上，我们看到了一位优秀工作者对工作的深刻理解、专注和热爱。

案例 2 不平凡的挡车工王建环

王建环，1996 年 8 月参加工作，现为山东帛方纺织有限公司织布车间操作管理员，高级技师、全国纺织行业劳动模范、全国技术能手、山东省首席技师、国务院特殊津贴获得者。

王建环参加工作后，被分配到织布车间做挡车工。20 世纪 90 年代，生产技术还比较落后，织布车间棉毛多、噪声大，生产环境艰苦，劳动强度大。但王建环没有畏难退缩，把艰苦岗位作为锻炼的机会，任劳任怨，扎扎实实，织布的数量和质量保持车间第一，连续多年被评为先进工作者。

她从来没有把挡车工看作简单劳动，刻苦钻研生产技术。为提高布机效率，她潜心钻研，先后总结创新出有梭织机、喷气织机新操作法，并成了入厂新员工的培训教材。为适应新型纤维面料的市场需求，王建环结合实际，大胆创新改变了布面检查方法，变换了检查布面的角度，纱疵、织疵有了一定程度的减少；改变了巡回检查方法，及时把关纱疵，减少停台，减轻了值车工的劳动强度；采用合理的巡回路线，掌握均衡的巡回检查方法，达到了检查、预防疵点的目的，及时把关、掐疵，防止了纱疵、织疵的扩大和延伸。她创新的操作法推广后，年创造直接经济效益近 50 万元。

工作十多年后，王建环已成为纺织行业的技术专家，有多项绝技绝活、革新成果。她还是国家级技能大师工作室的带头人，带领技术能手们攻坚克难，并培养了大批人才。

案例分析

纺织行业挡车工，在 20 世纪技术落后的条件下，许多人认为是最普通的职业，劳动强度大、技术含量低。但是，王建环却在这个岗位上取得了不平凡的成绩，成为高技能人才、大国工匠，并以自己的努力，提高了生产效率，推动了职业的进步和发展。她成功成才的关键，就在于认识工作的价值、热爱自己的工作，把工作作为事业，投入毕生精力和满腔热情。

小结与思考

本节内容告诉我们如何快速适应工作岗位，如何热爱自己的工作。

以下问题值得我们探究与思考。

结合自己的工作，思考如何才能做到干一行、爱一行、专一行。

第 3 节 融入和践行企业文化

微故事导入

首钢精神

一百年光影流转、一百年赓续传承、一百年砥砺奋进。始建于 1919 年的首钢集团有限公司（简称“首钢”），是我国钢铁工业的缩影、改革开放的一面旗帜，参与和见证了中国钢铁工业从无到有、从小到大、从大到强的历史跨越；参与和见证了中国人民从站起来、富起来到强起来的伟大飞跃。目前已发展成为跨行业、跨地区、跨所有制、跨国经营的综合性企业集团，全资、控股、参股企业 600 余家，总资产 5 000 多亿元，职工近 9 万人。

首钢在百年不断成长发展壮大中，孕育了优秀企业文化，积淀了宝贵精神财富，形成了个性鲜明、独具特色的企业精神。“敢闯，敢坚持，敢于苦干硬干”，是首钢人“从来没有面对严峻形势退缩过，从来没有被困难吓倒过，从来没有遇到问题绕着走过”良好精神状态和过硬作风的集中体现。“敢担当，敢创新，敢为天下先”是新时期首钢精神的核心内容，敢担当是责任、是态度、是作风；敢创新是动力、是方法、是践行；敢为天下先是志向、是胆识、是追求，具有鲜明的时代特征和深刻的思想内涵，是对“敢闯，敢坚持，敢于苦干硬干”的继承发扬，二者形成一个有机整体，体现了一以贯之的传承性和与时俱进的创新性。

故事分析

首钢精神是企业的精神支柱，是首钢人的精神家园。首钢人大力传承发扬首钢精神，内化于心、外化于行，形成了筑梦领航、凝心聚力、推动企业不断创新发展的强大正能量。

问题导入

结合故事，思考企业文化的意义和作用。

核心要素

了解企业文化

践行企业文化

一、企业文化的含义

企业是员工职业生涯发展的重要平台，也是技能人才成长成才、发挥作用的重要依托。技能劳动者只有深度融入企业、与企业共荣共生才能不断地成长，成就事业。因此技能劳动者要对企业文化有全面深刻的认知，这是深度融入企业的重要方面。

企业文化，是企业在自身发展过程中逐步形成的，为全体员工认同并遵守的价值体系，包括企业生产经营实践中形成的愿景、使命、价值观、精神、宗旨、经营理念、制度精神，以及这些理念和精神在员工行为方式与企业经营习惯、习俗仪式等方面的体现。企业文化的核心是企业的价值观，具体体现为“物质文化”“制度文化”“精神文化”等多个层面。它是一种通过凝聚人心来实现员工自我价值、提升企业竞争力的无形力量。

企业文化具有实用性、稳定性、强制性和时代性等特点。第一，企业文化并不是

“为文化而文化”，企业文化是企业在追求发展目标时形成的，其出发点和目的必然带有一定的实用性，要适用于企业的发展。第二，企业文化不是先天存在的，而是企业在长期生产实践中总结、提炼、培育形成的，一旦形成就具有相对稳定性，成为企业的特质和精神。第三，企业文化通常是管理团队（尤其是企业创始人）特质与行事风格的折射，管理者的思想、品德、性格、感情、能力等因素通过企业组织机构对企业文化的内涵施加影响。因此，企业文化的形成是自上而下的，具有一定的强制性。第四，企业文化也不是一成不变的，会因时代的变化或企业领导团队的调整而变化。

企业文化对企业的生存和发展有着不可替代的重要作用。一个企业的发展动力及凝聚力不仅来自资源和技术，还源于企业文化。企业好比是大海中的一条航船，面对激烈竞争的惊涛骇浪，唯有用共同价值观和经营理念凝聚人心，让全体员工齐心协力，同舟共济，才能使企业的航船破浪前行。纵观国内外知名企业，都有自己的企业文化。可以说，企业文化是企业增强核心竞争力、保持可持续发展的必要条件。

对于员工来讲，认识、了解、融入和践行企业文化，是深度融入企业，与企业共荣共生的体现。只有融入企业文化，才能真正有对企业的归属感、使命感，真正成为一名合格员工，在企业发展中成就自我。

二、企业文化的主要内容

1. 企业发展目标

从狭义上来说，企业发展目标主要是指企业的经济目标，即企业的经济效益，包括产值、产品销售额、营业额、利润率、投资回报率等。从广义上来说，企业发展目标还包括企业的社会贡献目标、企业的市场目标、企业的开发目标、企业的利益目标。

2. 企业经营理念

企业经营理念是管理者追求企业效益的设想、观念和企业追求的经营目标。简单地说，就是管理者的经营观念或思想。企业的经营理念是企业的行动指南，是企业经营的尺度，是企业各项经营活动需要遵循的基本原则。企业的经营理念主要对企业发展起到引导作用。

3. 企业制度

企业制度规范、影响着企业员工的行为。不同的企业制度往往不完全一样，但是类型大同小异，都是为了满足企业日常运行的需要。常见的企业制度包括员工管理制度、绩效考核制度、考勤制度、员工聘用制度、奖罚制度、安全消防制度、卫生制度、财务管理制度等。

4. 企业精神

企业精神或称厂训、厂风，是企业文化的高度凝练，是企业的灵魂。它不仅代表一个企业的外在形象，更是一个企业的内涵和发展的根基，是企业员工在履行各自职能过程中所形成的观念、行为方式、价值取向、道德规范的概括总结，是企业中每名员工言谈举止、为人处事所特有的烙印和标签。企业精神建设是企业效能建设的基础。优秀的企业精神，不仅能起到凝聚、整合、同化、规范企业员工行为和心理的作用，而且是加强企业生产能力建设和文化建设、促进企业整体发展的内在动力。

拓展阅读

中国石油的企业文化

中国石油天然气集团有限公司（简称“中国石油”）是国有重要骨干企业和全球主要的油气生产商和供应商之一，是集国内外油气勘探开发和新能源、炼化销售和新材料、支持和服务、资本和金融等业务于一体的综合性国际能源公司，在全球32个国家和地区开展油气投资业务。

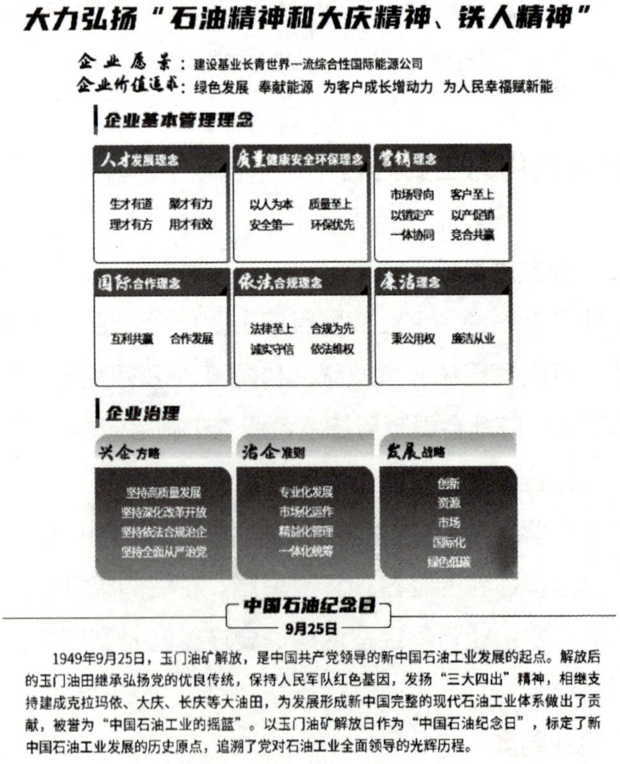

中国石油的企业文化

三、融入和践行企业文化

融入和践行企业文化，是深度融入企业、真正与企业同心同德，实现共同发展的必要条件。融入和践行企业文化，要把握好以下几方面。

1. 认识和理解所在企业的企业文化

认识和理解企业文化，充分把握其精髓，这是融入和践行企业文化的重要前提。企业文化不是空洞的口号，也不是一两次团建和年会活动就能完全代表的，而是蕴含着丰富深厚的精神内涵和文化底蕴。企业员工如果不能正确认识和深刻理解所在企业企业文化的精神实质和内涵，只是肤浅粗略地了解其浅层形式，就无法融会贯通，也不可能真正有效地融入和践行企业文化。认识和理解所在企业的企业文化需要注意结合企业的现实情况，包括了解企业的发展历程、企业的创始人、企业的规章制度等。只有全面了解了这些情况，才能更好地把握企业文化的特质和精髓。

2. 将企业文化融入思想与实践

将所在企业的企业文化融入自己的思想与实践活动当中，这是融入和践行企业文化的落脚点。员工要真正做到内化于思、外化于行、固化于体、知行合一，维护企业的价值观，用企业文化指导和约束自己的行为。

3. 认识个人在企业文化中的作用

认识个人在企业文化建设中的作用，投身于企业文化建设中，这是融入和践行企业文化的内在动力。企业员工要认识到自己是企业中的一员，在企业文化建设中负有重要的责任，也是文化建设的一分子。企业员工的表现对于企业文化的形成、发展具有一定影响。同时，企业员工要把提高践行企业文化的能力作为提升个人素质的一项重要内容，在践行中不断提高素质、能力和水平。

典型案例

“开路先锋”铸就企业辉煌

中铁二局集团有限公司（简称“中铁二局”），在半个多世纪的发展中，高举贺龙元帅亲手授予的“开路先锋”大旗，逢山开路，遇水架桥，共修铁路 100 余条，共计 14 000 余千米。目前，总资产达 330 余亿元，年综合生产能力 400 亿元以上，各类专业技术人员 1.2 万名。

中铁二局的发展成就离不开卓越的企业文化。中铁二局一直重视企业文化的建设，把企业文化作为企业核心竞争力的重要组成部分。经过几代中铁二局人的齐心协力、精心打造、接力传承，形成了以“开路先锋”为特质的企业文化，包括“爱国奉献、艰苦奋斗、创新创造、勇争一流”企业核心意识和“勇于跨越、追求卓越”的企业精神。可以说中铁二局的每一次突破，每一次成就，都离不开企业文化的强大驱动力。

中铁二局文化建设体系体现为“四个坚持”。坚持政治引领。始终胸怀“两个大局”，心系“国之大者”，坚持社会主义先进文化前进方向，举旗帜、聚人心、育新人、兴文化、展形象，确保“开路先锋”文化建设沿着正确的方向前进。坚持服务发展。围绕企业发展战略，融入改革发展和生产经营全过程，推动文化植入管理，促进管理形成文化，转化为服务企业高质量发展优势。坚持以人为本。坚持全心全意依靠员工办企业，用发展的目标鼓舞人，用伟大的事业凝聚人，用科学的机制激励人，真诚关心关爱员工，不断提高员工素质，调动员工的主动性、积极性、创造性，实现员工与企业共同发展。坚持继承创新。继承中华民族优秀文化、中国共产党伟大精神和国有企业优良传统，紧跟市场化、国际化发展趋势，学习借鉴国内外先进管理思想和优秀文化成果，大胆实践，积极探索，勇于创新，不断丰富时代内涵，推动“开路先锋”企业文化在继承中创新，在创新中发展。

企业文化激励着中铁二局员工艰苦奋斗，无私奉献，优秀技能员工彭祥华就是其中的一名典型代表。在“勇于跨越、追求卓越”的企业精神感召下，他不断超越自我，勇于进取，刻苦钻研技术，积极参加技能培训和各类岗位技能竞赛，提升技能技艺。他从 1997 年开始接触爆破技术，2001 年从事青藏铁路隧道爆破工作，成为爆破专家。2015 年他参建拉林铁路，创新性实现了千枚岩层中的光面爆破效果，随后打破了一个又一个的技术瓶颈，逐步迈进爆破专业更高领域，获得“大国工匠”称号，被称为“爆破王”。成为技术专家后，彭祥化不忘在带徒弟和带团队的过程中把企业文化一直传承和发扬下去，为中铁二局培养了一批隧道施工队伍的骨干和中坚力量，为企业创造了显著的经济效益，为国家建设贡献了力量。

小结与思考

本节主要介绍了什么是企业文化，融入企业文化的重要性，以及如何融入和践行企业文化。

以下问题值得我们探究与思考。

请说出自己所在企业的发展目标、经营理念，并联系实际结合个人工作，谈一下如何融入和践行企业文化。

第2章

规划我的职业生涯

第1节 把技能成才作为职业规划的重要选项

微故事导入

为火箭焊接“心脏”的大国工匠——高凤林

1970年，我国第一颗人造卫星成功发射，那一年高凤林刚上小学二年级，好奇的高凤林问父母卫星是如何发射升空的，但是父母其实也不清楚，这个问号从此留在了他的心中，他决心好好学习，长大了一定要弄清卫星升空的秘密。

高中毕业以后，高凤林报考了第七机械工业部第一研究院211厂技工学校，被分配到焊接专业，一开始他认为，焊接跟他想象的航天工业差得太远了，甚至产生了梦想破灭的失望情绪。但是真正接触后，特别是在一次实习的时候，他对自己所学的专业坚定了信心。

他和同学们被带到了一个工厂的车间，指导他们实习的是陈继风。陈继风是我国第一代氩弧焊工。陈师傅首先向同学们介绍了氩弧焊，告诉同学们，氩弧焊使用的重要材料是氩气，而氩气一万元才能买到一瓶，而且还要从德国进口。陈师傅还说，氩弧焊被运用到航空和许多重要的工业之中。

这次实习，让高凤林对自己所学的技术有了新的认识，也知道了自己所学的技术离自己的航天理想非常近。焊工这个活很有意义，有干头，他立志将此作为他的毕生事业，并对自己每一阶段应当实现的目标进行了认真思考。

从此，高凤林开始刻苦学习专业知识，并苦练基本功。靠着他的不懈努力，高凤林从高级技师提升为特级技师，又从中国十大能工巧匠成为中国高技能人才楷模，终于成长为大国工匠；成长为氩弧焊领域里的中国第一，实际上也是世界第一。

故事分析

高凤林从一个普通焊工成为焊接专家，为航天事业发展做出了突出贡献。他不仅实现了技能成才的梦想，用实际行动诠释了技能报国情怀，也充分说明了高技能人才的价值所在。高凤林成功的决定因素在于他明确的职业生涯规划和矢志不渝地坚守与奋斗。党的二十大报告将大国工匠、高技能人才同战略科学家和科技领军人物同时纳入国家战略人才力量，充分体现了党和国家对高技能人才的高度重视，为技能人才的成功提供了重要条件。

问题导入

通过高凤林的技能成才之路，我们能够得到哪些启发？我们应该如何规划好自己的职业生涯，走技能成才之路，以匠心铸就梦想，用技能成就未来？

核心要素

职业生涯规划

规划职业生涯的方法步骤

技能成才

一、职业生涯规划

1. 职业生涯与职业生涯规划

职业生涯是指人的一生中的职业历程，即一个人一生的职业、职位的变迁和职业理想的实现过程。完整的职业生涯发展主要包括成长、探索、确立、保持等阶段。成长阶段是一个人天赋展现和兴趣发展的重要阶段，这个阶段的主要任务是身心得到成长，建立自我概念，形成良好的行为习惯；探索阶段是一个人能力成长最快的阶段，这个阶段的主要任务是选择适合自己的职业，并为职业的发展打下良好基础，快速提升自己的能力；确立阶段是一个人最终确定自己的职业到稳定发展的阶段，这个阶段的主要任务是确定自己的职业发展方向，更好地发挥自己的能力，从而取得职业上的成就；保持阶段是一个人在职业发展上逐渐达到顶峰的阶段，这个阶段的任务是维持职业发展的成果。

职业生涯规划是一个人在对自己主客观条件进行测定、分析、总结的基础上，对自己的兴趣、爱好、能力、特点进行综合性的分析，并和一个单位、企业具体结合，确定出自己最佳的职业发展目标，并为实现这一目标做出行之有效的安排。职业生涯规划是一种建立在理想和现实之上的自我管理行为。

职业生涯规划可分为短期、中期及长期规划。一个完整的职业生涯规划由职业定位、目标设定和通道设计三个要素构成。职业生涯规划最重要的两个目的，一是找到适合自己的工作，二是通过规划求得职业发展。

2. 职业生涯规划的意义

（1）职业生涯规划可以帮助个人确立人生方向。职业生涯规划能够帮助个人准确评价自身特点和强项，评估个人目标和现状的差距，定位职业方向，明确发展路径，制定相应的发展策略。

（2）职业生涯规划可以帮助个人增强实力。行之有效的职业生涯规划，能够使个人重新认识自身的价值并使其增值，帮助个人对自己的价值进行正确定位，树立明确的职业发展目标与职业理想，发现新的或有潜力的职业机会，学会运用科学的方法采取可行的措施，并不断增强个人能力，实现自己的职业目标与理想。

（3）职业生涯规划可以帮助个人提升成功的概率。“凡事预则立，不预则废”，职业生涯发展要有计划、有目的，不可盲目地“撞大运”，合理的职业生涯规划可以增强个人自我发展的目的性和计划性，结合自身实际，按照职业规划路线行进，在职业生涯的征途上走向成功，最终实现自身的人生价值。

二、规划职业生涯的方法步骤

规划职业生涯，首先要进行自我探索，对自己的职业兴趣、性格特点、职业价值观以及职业技能等进行全方位、深层次的量化评价和分析，更科学、全面地认识自己，了解自己最看重的是什么，自己最喜欢的是什么，自己最擅长的职业技能又是什么。同时要了解就业市场和环境，了解个人职业理想的实现条件，进而清晰地确定自己喜欢且又适合自己的职业发展目标和方向。

1. 职业生涯规划的方法

可以用“5W 法”进行职业生涯规划，也就是从问自己是谁开始，用 5 个“W”帮助自己归零思考。这是一种被许多成功人士应用的方法，如果能够准确回答完这 5 个问题，你就有了自己的职业生涯规划。5 个“W”是：

Who am I?（我是谁？）

What will I do?（我想做什么？）

What can I do?（我能做什么？）

What does the situation allow me to do?（环境支持或允许我做什么？）

What is the plan of my career and life?（我的职业与生活规划是什么？）

典型案例

从规划自己的职业生涯开始，
成就冠军之路

2015 年，孟凡东来到徐州工程机械技师学院，开启了钳工技能学习生涯。在孟凡东职业生涯的成长阶段，他发现，钳工作业有很多门道，便在心里暗下决心，“一定要学好”。

孟凡东知道自己成绩差，但他凭着不服输的精神，决心要把重型机械这些“庞然大物”制造精密。他利用课后时间，不断打磨工件，常常练习到凌晨两三点甚至通宵。经过大半年的“魔鬼训练”，孟凡东的成绩稳居前3名。

2020年，孟凡东从学校毕业后，顺利进入徐州重型机械有限公司。在孟凡东职业生涯的探索阶段，当得知公司要进行第七届全国职工职业技能大赛选手选拔时，他毫不犹豫地报了名。为了训练锉削时双手的敏感度，他对每一刀切削都用明确的数据指标衡量——锉刀精加工锉削3次，切屑量控制在0.01毫米。这意味着，他必须练成平均每刀0.003毫米的“肌肉记忆”。

在比赛之外，孟凡东秉持着“再努力一点，就会离成功更近一点”的理念，力求在工作中做到每台经手调试的车辆都零故障。

如今，在职业生涯的确立阶段，年仅22岁的孟凡东已是省级“李戈技能大师工作室”的骨干成员。2021年9月，他荣获江苏省五一创新能手称号，同年10月，荣获全国技术能手称号。

“作为‘00后’，我的钳工之路还有很长时间要走。”孟凡东说，“未来，希望能够不断磨砺技能、突破自己，继续朝着大国工匠目标矢志前行！”

案例分析

孟凡东之所以能将“庞然大物”制造精密，关键在于他有清晰的职业生涯规划，从“操控”自己开始，秉持着“再努力一点，就会离成功更近一点”的理念，他在朝着“大国工匠”目标矢志前行的道路上成就了出彩人生。

2. 职业生涯规划的步骤

（1）确定志向。俗话说：“有志者事竟成”。志向是事业成功的基本前提，立志是人生的起跑点，反映着一个人的理想、胸怀、情趣和价值观，影响着一个人的奋斗目标及成就的大小。因此，在制定职业生涯规划时，首先要确定志向，这是制定职业生涯规划的关键，也是一个人职业生涯发展中最重要的一点。

（2）自我评估。自我评估包括评估自己的兴趣、特长、性格、学识、技能、智商、情商、思维方法等内容。自我评估的目的是认识自己、了解自己。只有在认识自己的基础上，才能对自己的职业做出正确的选择，才能选定适合自身发展的职业生涯路线。

（3）环境评估。职业生涯环境评估，主要是评估各种环境因素对自己职业生涯发展的影响。在制定个人的职业生涯规划时，要分析环境条件的特点、环境的发展变化情况、自己与环境的关系、自己在这个环境中的地位、环境对自己提出的要求，以及环境对自己有利的条件与不利的条件等。只有对环境因素充分了解，才能做到在复杂的环境中趋利避害，使职业生涯规划具有实际意义。环境因素评估的内容主要包括就业市场环境以及其他相关的组织环境、社会环境、经济环境等。

（4）职业选择。职业选择正确与否，直接关系到事业的成败。据统计，在选错职业的人当中，有 80%的人在事业上是失败者。由此可见，职业选择对事业发展尤为重要。个人在进行职业选择时，主要应考虑性格、兴趣、特长、内外环境与职业的匹配度。

（5）路线选择。一个人在确定职业后，向哪个路线发展，须做出抉择，以便使自己的学习、工作以及各种行动措施沿着预定的路线前进。通常职业生涯路线的选择须考虑 3 个问题：我想往哪一方向发展？我能往哪一方向发展？我可以往哪一方向发展？对这 3 个问题进行综合分析，以此确定自己最佳的职业生涯路线。例如，有的人不适合理论研究而擅长动手操作，他就可以在技能领域精耕细作，成为一名高技能人才。如果一个人不具有管理才能，却选择了行政管理路线，这个人就很难成就事业。由此可见，职业生涯路线的选择，是职业生涯发展能否成功的重要步骤之一。

（6）设定目标。职业生涯目标犹如海洋中的灯塔，引导你避开险礁暗石，走向成功。职业生涯目标的设定是职业生涯规划的核心。一个人首先要根据个人的性格、气质、价值观和专业以及社会发展趋势确定自己的人生目标和长期目标，然后根据个人的经历和所处的组织环境制定相应的中期目标和短期目标。只有设定了目标，才能明确奋斗方向。

（7）制订计划。在确定了职业生涯目标后，制订行动计划，并按计划实施便成了关键环节。没有达成目标的计划，目标就难以实现，也就谈不上事业的成功。在工作方面，计划采取什么措施提高工作效率；在业务素质方面，计划学习哪些知识、掌握哪些技能；在潜能开发方面，计划采取什么措施。所有这些都要有具体的计划与明确的措施并付诸行动。

（8）评估回馈。俗话说“计划赶不上变化”。影响职业生涯规划的因素很多，有的因素是可以预测的，而有的因素则难以预测。要使职业生涯规划行之有效，就必须不断地对职业生涯规划进行评估与修订。职业生涯规划修订的内容主要包括职业的重新选择、职业生涯路线的重新选择、人生目标的重新修正、实施计划与措施的变更等。

三、技能成才，人生重要的职业选择

拓展阅读

劳动者素质对一个国家、一个民族发展至关重要。技术工人队伍是支撑中国制造、中国创造的重要基础，对推动经济高质量发展具有重要作用。要健全技能人才培养、使用、评价、激励制度，大力发展技工教育，大规模开展职业技能培训，加快培养大批高素质劳动者和技术技能人才。要在全社会弘扬精益求精的工匠精神，激励广大青年走技能成才、技能报国之路。

——习近平对我国技能选手在第45届世界技能大赛上取得佳绩作出重要指示

技能人才是实现科技成果转化的必要条件，是科技创新的重要力量，也是支撑中国制造、中国创造的重要基础。2015年一部《大国工匠》专题片在央视热播，讲述劳动者用双手匠心筑梦的故事。徐立平为铸“利剑”不畏险，“雕刻”火药三十年；彭祥华二十多年如一日坚守在祖国偏远地区工程建设一线；孟剑锋在厚度只有0.6毫米的银片上錾出细致的纺织纹理……这些技能人才，默默坚守、孜孜以求，追求职业技能的完美和极致，跻身“国宝级”技工行列，成为相关领域不可或缺的人才。他们在平凡的岗位上以不平凡的经历和贡献，体现着自己的人生价值，也昭示着，走技能成才之路，是广大劳动者实现人生价值的重要职业选择。

每个人的职业选择有很多种，要按照职业规划的基本要求，结合自身实际做出选择。按照科学人才观，人人都可以成才，凡是能够以自己劳动为社会做出贡献的都是人才。科学家、研究型人才是人才，技能人才也是人才。技能人才是国家紧缺资源，是社会主义现代化建设不可或缺的人才，同样得到社会尊重，同样可以走到人生辉煌的顶点。如今的技能人才只要能奋斗实干，砌砖墙也可以“砌”成全国劳模，操控机床也能享受国务院特殊津贴，甚至可以身披国旗走上国际大赛的领奖台。这是时代给予广大技能劳动者的机遇。新时代的技能劳动者不应满足于“熟能生巧”，还应成为新兴技术、新兴产业的推动者，不断打磨精湛技艺，提升技能本领，在创新创造中攀登技能高峰。

赤子其人，寸心如丹。时代给予了技能人才展示自我的机遇，技能人才也用自己的行动成就了奋斗的人生，为“你怎样，中国技能就怎样”做出了生动的注脚。

典型案例

从中考落榜到
成为世界技能冠军

2022 年世界技能大赛特别赛奥地利赛区比赛落幕。代表中国出征的宁波“00 后”小伙蒋昕桦获得重型车辆技术与维修项目金牌，实现了中国队在该项目上金牌“零”的突破。

在世界舞台上大放异彩的蒋昕桦，是宁波技师学院汽车维修专业技师班学生。2017 年中考失利，他与普高失之交臂，一度陷入失落迷茫。在家人的推荐下，他报名了宁波技师学院汽车维修专业，在之后的实训过程中，他实操动手快，学习能力强，在技能学习中重新找到了自信。蒋昕桦从被动学习变为主动学习，一步一个脚印学习重型车辆维修技能，开启了自我蜕变的技能成才之路。在 2020 年底的首届全国职业技能大赛上，蒋昕桦荣获重型车辆维修项目金牌，并最终代表中国站在了世界技能大赛的最高领奖台上。

案例分析

正是由于蒋昕桦选择了技能成才这条路，一步一个脚印，凭着远超同龄人的努力，练就精湛技术，他才以优异成绩站上了世界技能比赛的最高领奖台，实现了中国“零”的突破，也展现了新时代中国技能青年的风采与风貌。

小结与思考

技能人才是支撑中国制造、中国创造的重要力量。党的二十大报告提出，“加快建设国家战略人才力量，努力培养造就更多大师、战略科学家、一流科技领军人才和创新团队、青年科技人才、卓越工程师、大国工匠、高技能人才”。技能人才工作重任在肩、使命光荣。作为劳动者，要正确规划自己的职业生涯，走好技能报国之路。

以下问题值得我们探究与思考。

1. 结合个人从业经历，你认为应该如何做好职业生涯规划。
2. 作为企业一线技术工人，应该如何走好技能成才之路。

第 2 节 仰望星空与脚踏实地

微故事导入

选准自己的位置

高树吉，中共党员，2016 年职业院校毕业，就职于济南热力集团，现任济南和智热力有限公司供热三处检运五班班长。由于工作表现出色，他被公司调整至办公室行政岗位。一个月后，高树吉主动向公司申请回到原工作岗位——供热处检运班，他说，自己在校期间学习的是电气专业，希望能将所学知识运用到实际工作中，在行政岗位，专业技能不能得到有效发挥。他一直认为自己的位置在一线，只有在一线，才能充分发挥个人能力，实现人生价值。2020 年，高树吉被评为济南能源集团最美“供暖管家”。

故事分析

高树吉正是因为一次工作调整，认识到自己能做什么，适合做什么，从而选准了自己的位置和目标，实现了人生价值。

问题导入

有了明确的职业生涯规划、确定了想要实现的人生发展目标之后，我们应如何从自身实际出发，树立正确的职业理想，通过坚持不懈的努力，最终实现理想呢？

核心要素

职业理想
树立正确的职业理想

一、职业理想

职业理想是个人对自己未来所从事的职业和职业发展目标做出的想象和设计。它既包括个人对将来所从事的职业种类和职业方向的追求，也包括对事业成就的追求。它体现了人们的职业价值观，直接指导着人们的择业行为。

1. 职业理想的特点

（1）职业理想具有差异性。一个人的职业理想与他的思想品德、知识结构、能力水平、兴趣爱好等都有很大的关系。政治思想觉悟、道德修养水准以及人生观决定着一个人的职业理想方向。知识结构、能力水平决定着一个人职业理想追求的层次。个人的兴趣爱好、气质性格等非智力因素以及性别特征、身体状况等生理特征也影响着一个人的职业选择。因此，职业理想具有个体差异性。

（2）职业理想具有发展性。一个人职业理想的内容会因时、因地、因事的不同而变化。随着年龄的增长、社会阅历的增强、知识水平的提高，职业理想会由朦胧变得清晰、由幻想变得理智、由波动变得稳定。因此，职业理想具有一定的发展性。

（3）职业理想具有时代性。社会的分工、职业的变化，是影响一个人职业理想的决定因素。时代不同，生产力发展水平、社会实践的深度和广度就会不同，人们职业追求的目标也会不同。这是因为职业理想是一定的生产方式及其所形成的职业地位、职业声望在一个人头脑中的反映。

2. 职业理想的作用

职业理想具有人生导向作用。理想是前进的方向，是个人心中的目标。人生发展的目标通过职业理想来确立，并最终通过职业理想来实现。托尔斯泰曾说过：理想是指路的明灯，没有理想就没有坚定的方向，没有方向就没有生活。有了明确的、契合实际的职业理想，人生发展就有了明确的导向。

职业理想也是工作和生活的重要支撑，具有重要的激励作用。职业理想在现实生活中具有参照系的作用，它指导并调整着职业活动。当一个人在工作中偏离了理想目标时，职业理想就会发挥纠偏作用，尤其是当个人在实践中遇到困难和阻力时，如果没有职业理想的支撑，人就会心灰意冷、丧失斗志。一个人只有树立了正确的职业理想，才能无论在顺境或逆境中，都奋发进取、勇往直前；为使美好的未来和宏伟的目标变成现实，以坚强的毅力、顽强的拼搏精神和开拓创新的行动持之以恒努力奋斗。

二、树立正确的职业理想

树立正确的职业理想，一般需要具备以下几个条件。

1. 以正确的人生观、价值观为指导

人生观决定了人生的方向，是在社会生活实践中做人的基本准则。价值观则代表一个人对周围事物的是非、善恶和重要性的评价。有了正确的人生观和价值观的指导，才能树立正确的职业理想。作为技能人才，要牢固树立共产主义人生观和社会主义核心价值观，在此基础上，树立正确的职业理想。

2. 把工作看作是一个劳动过程

当你确定依靠自己的劳动创造自己的未来时，就会使自己的职业理想建立在一个客观的现实的基础上，就会努力创造条件，不断追求，使职业理想不断升华，人生更显光彩。

3. 正确评价自己的职业理想

客观地看待社会发展条件是否允许个人实现职业理想。其实一个人可能一生都在寻求自我职业理想的实现，但客观地认识社会发展水平和实现自我职业理想的条件，是一个主观见之于客观的过程，只有当理想具备实现的现实基础时，你的职业理想才有可能顺利成为现实。

4. 了解自己、了解职业、了解社会是树立职业理想的前提和保障

（1）了解自己——你能做什么。人最难看清楚的是自己。脱离自我现实的职业憧憬是可望而不可即的。只有从自身出发，从自己所受教育、能力倾向、个性特征、身体健康状况出发，准确定位，瞄准适合自己的岗位去不懈努力，才能树立正确的职业理想。

（2）了解职业——你要干什么。并非所有的职业都适合你，也并非你能胜任所有的职业和岗位。每种职业都有与之相适应的职业能力要求。除了具备观察、思维、表达、操作、沟通等一般能力之外，一些行业还有特殊要求。对于会计、出纳、统计员、药剂师等职业来说，从业人员必须具备很强的计算能力。与图纸、建筑、工程等打交道的工作，对空间判断能力的要求较高。因此，有选择地、有针对性地培养自己的能力，选定职业后主动去适应并接受职业岗位的挑战是十分重要的。

（3）了解社会——需要你干什么。职业的存在和发展与社会的需求是紧密联系的。因此，了解社会的需求是成功择业并就业的关键。在这里了解社会主要是指要了解各职业的社会需求量、竞争系数和职业发展趋势。职业的社会需求量是指一定时期职业需求的总量。这是一个动态的又相对稳定的数量。例如，有的职业有很高的社会声望，但需求量很少；有的职业不为多数人了解，但有发展前途，且需求量较大。职业的竞争系数是指谋求同一种职业的劳动者人数的多少。在其他条件一定的情况下，竞争系数越大，该职业就业概率越小。社会地位高、工作条件好、工资待遇优的职业，想要谋取的人数多，相应地竞争系数就大。职业发展趋势是指职业未来发展的态势。有些职业一时需求量大，竞争激烈，但随着社会的发展将日趋衰落；有些职业暂时处于被冷落的状况，但随着社会的发展会日益兴旺。因此，了解社会职业岗位需求情况是极其重要的。

典型案例

从一名普通焊工到
高铁焊接专家

1987年8月，19岁的李万君职高毕业后被分配到长春客车厂（中

车长春轨道客车股份公司前身），在配焊车间最苦最累的水箱工段当工人，拿着焊枪喷射着 2 300 ℃的烈焰。一年下来，和他一起入厂的 28 个伙伴，25 个离职，李万君留了下来。他认为，焊接工作意义重大，技术含量高，应当作为自己毕生的事业。他把成为一名优秀焊工作为自己的职业理想。

有了理想，他便付诸行动。勤学苦练，加班加点。厂里要求每人每月焊 100 个水箱，李万君就多焊 20 个。入厂第二年，李万君就在车间技能比赛中夺冠。2005 年，他在中央企业焊工技能大赛中荣获焊接试样外观第一名，发明了“新型焊钳”，获得国家专利并被推广使用。1997 年、2003 年、2007 年，他三次在长春市焊工技能大赛荣获第一名。2011 年，他捧得了技能人才的最高奖“中华技能大奖”。

李万君不仅承担为本单位培养后备技术工人的重任，还为外单位的技术工人无私传承技艺，3 次被长春市总工会聘为“高技能人才传艺项目技能指导师”。截至目前，李万君已为吉林省、长春市以及省市工会对口援疆地区的兄弟企业培训高技能人才 2 000 多人次。在中国高铁事业发展进程中，李万君实现了从一名普通焊工到我国高铁焊接专家的升华。

案例分析

李万君根据自身实际，确立了职业理想。并以职业理想为指导，努力工作，不断进步。短短几年时间，就崭露头角。之后，又取得了新的成绩，成为高铁焊接专家，登上技能巅峰。

小结与思考

职业理想是人生理想的重要组成部分，它决定着人们在职业生活中的事业心和责任感。正确的职业理想是职业选择的向导，是一个人取得职业成功的推动力，是事业成功的精神支柱。全面认识自己，了解社会，才能实现职业理想。

以下问题值得我们探究与思考。

1. 请结合个人实际回答，当你在工作中遇到困难时，应如何充分发挥职业理想的调节作用。

2. 通过本节的学习，结合你的职业理想，分析自身还存在哪些差距，下一步应该如何改进。

第 3 节 应对职业生涯中的千变万化

微故事导入

35 年无悔的坚守

胡双钱 1980 年来到上海飞机制造厂参加工作。对于从小就喜欢看飞机的他来说，能够有机会造飞机是再好不过的事情了。可是在技校学习铆工的他，却被分配到了钳工岗位。“虽说跨了专业，但是由于当时情况特殊，自己也没有多想。当时的活比较多比较杂，根本不能挑，那个时候就是往上冲，有什么干什么，不懂就去问，觉得每一次都是锻炼自己。”他回忆起那段时光，还是抑制不住的高兴，似乎只要能让他造飞机，做哪个工种他都不会介意。

刚入厂的胡双钱，非常幸运地亲身参与并见证了中国在民用航空领域的第一次尝试——运 10 飞机的研制和首飞。可是好景不长，由于种种原因，运 10 项目最终下马，工厂由此进入了一段无活儿可干的艰难期。

“那段时期，正好是我个人成长的黄金期，学习能力和创造能力都十分旺盛。”胡双钱说。同厂的许多同事都感到前途渺茫，纷纷奔向了发展势头正旺的民营企业。然而造飞机的梦却一直在胡双钱心中回荡，对于梦想的坚守让他最终选择留了下来。

终于在 20 多年后，当国家启动 ARJ21 新支线飞机和大型客机研制项目时，胡双钱几十年的积累和沉淀有了用武之地。

故事分析

正是由于自身的坚守，胡双钱才能克服职业生涯中的一个又一个难题，沉着应对职业生涯中的千变万化。

问题导入

技能人才的成长之路荆棘丛生，我们该如何应对职业生涯中出现的各种难题呢？

核心要素

就业能力

职业迁移能力

一、就业能力

就业能力是个人在经过学习过程后，获得工作、保持工作、做好工作的能力。就业能力的高低直接影响就业结果，一个人具备的职业技能和职业素质影响就业能力的高低。

1. 职业技能

（1）职业技能的特点。职业技能是职业人在岗位活动范围内需要掌握的技能。一个人要形成良好的职业技能，需要努力学习职业基础知识，掌握技能操作要领，虚心向身边的前辈和师傅学习，并有意识地在实践中通过反复训练进行巩固和提高。

（2）职业技能等级。职业技能一旦掌握一般不易忘记。各种职业所要求的职业技能有差别，但职业本身没有高低贵贱之分。决定职业技能等级的因素主要有 3 个方面，一是该项技能中所包含的智能成分的比例大小；二是该项技能所使用工具或手段的复杂程度、技术含量和复合性成分；三是掌握该项技能的难易程度。一般来说，职业技能等级越高，其工作职责和服务范围越大，其控制的系统和工具越复杂，对劳动者的智力和工作经验的要求越高，同时，也需要经过更加严格的培训和更加长期的实践训练。

（3）培养职业技能的主要途径。

1）努力学习职业基础知识。只有掌握了必备的职业基础知识，才能具备职业技能理论基础，才能正确进行操作训练。在新知识、新技能不断更新的时代，职业人必须不断地学习。

2）立足岗位实践，不断探索。要掌握职业技能，就要掌握技能操作要领。技能人才的成长与实际岗位的生产实践训练是分不开的，离开了岗位生产实践的技能是不可能存在的。技能从岗位生产实践中来，就要在岗位生产实践中习得，而且必须亲身进行操作，在反复的训练过程中，运用和验证习得的理论知识，在揣摩和摸索中逐渐积累经验，掌握技巧。

3）牢固树立终身职业技能培训理念。2018 年，《国务院关于推行终身职业技能培训制度的意见》印发并提出了“建立并推行覆盖城乡全体劳动者、贯穿劳动者学习工作终身、适应就业创业和人才成长需要以及经济社会发展需求的终身职业技能培训制度”的目标任务，并对各方面工作进行了部署。每一位有志于成为优秀技能人才的职业人都要树立起终身进行职业培训的理念。这是因为，在新技术、新设备不断运用于生产实践的过程中，每一位技能劳动者只有不断学习、不断提高，才能始终掌握新的生产工艺和技能。

2. 职业素质

（1）职业素质的内涵。职业素质是员工在任职过程中表现出来的综合素质，是职场成功的关键。一般来说，职业素质高的人在职业发展过程中获得成功的机会更多，更易于取得成就。

（2）职业素质的特征。职业素质主要具有以下 4 个特征。

1）稳定性。一个人的职业素质是在长期实践中日积月累形成的，一旦形成，便具有相对稳定性。例如，全国劳动模范许振超在数十年的门机操作过程中练就了“一钩准”“一钩净”“无声响操作”等绝活儿，形成了精技术、高效率的职业素质，并保持相对的稳定性，在工作中不断创造新的成绩，从一名只有初中文化的普通工人成长为著名的桥吊专家。

2）整体性。职业素质是劳动者在一定的生理和心理条件基础上，通过教育、劳动实践和自我修养等途径形成和发展起来的，在职业活动中发挥作用的一种基本品质，主要包括思想政治素质、职业道德素质、科学文化素质、专业技能素质和身体心理素质等。说某人职业素质好，不仅指他的思想政治素质和职业道德素质好，还包括他的科学文化素质、专业技能素质和身体心理素质好，这体现了职业素质的整体性。

3）发展性。职业素质是逐步形成的，随着社会的发展，各行各业对人们不断提出新的要求，人们为了更好地适应社会发展的需要，要不断提高自己的职业素质，这体现了职业素质的发展性。

（3）技能人才应具备的职业素质。技能人才的职业素质既有职业素质的一般性，也有技能人才职业素质的特殊性。技能人才应该具备的职业素质主要包括职业道德、职业认知、职业发展、职业意识、职业能力、法律意识、质量意识、安全环保、健康素养、心理素质、数字技能等方面的内容。

二、职业迁移能力

当今社会，技术快速发展，人们的观念及生活方式快速变化，导致新职业不断出现，旧职业逐渐消亡，现有职业的内涵和外延持续发生变化。有研究表明，约 70% 的青年获得的第一份工作将在未来 10 到 15 年内完全消失。如果采用现有技术，我国 51% 的职业活动可被自动化技术替代。在这一背景下，技能人才必须具有职业迁移能力。

职业迁移能力是从业者在不同行业或职业之间变换的能力，包括将所从事职业的知识和技能应用到新情境、解决新问题时体现出的素质和能力，对新旧工作情境的感知、衔接和处理能力，对更换的新行业、新职业的认知和实践能力等。打造良好的职业迁移能力，应从以下 3 方面入手。

首先，要培养良好的工作习惯，尽心尽力做好每一件力所能及的事；对工作充满热忱，用积极的态度对待工作；拥有职业人的责任意识；学会提高工作效率；运用创新思维开展工作，保持在业内和社会的良好信誉和声誉。

其次，要努力提高技能水平，成为岗位能手和专家。重视学习，强化终身学习理念，以科学理论指导自己的实践，并努力成为复合型技能人才。

最后，要提高职业适应能力。适应能力是人的一种综合心理特性，是人适应周围环境的能力。当遇到新环境、新情况或遭遇挫折时，每个人都会做出本能的适应努力。了解自己的适应能力，并有意识地在工作、生活实践中，培养自己的职业适应能力，对个人职业选择和事业、生活成功都具有重要意义。

典型案例

不断适应新岗位，工匠精神永续传承

1972 年，17 岁的孔祥瑞初中毕业，被分配到天津港当门吊司机。面对新设备和复杂的操作参数，孔祥瑞在师傅的鼓励下啃起了设备使用说明书，一页页看、一条条记，直到吃透弄懂。经过三个月的艰苦学习，孔祥瑞精通了吊机的设计参数、工作原理，更让他成了队里的技术专家、吊装高手。

2006 年，孔祥瑞踏上了新岗位，成为操作一队队长，加入天津港"北煤南移"的重点任务中。工作岗位和性质发生了变化。这对孔祥瑞是一个挑战。他不怕困难从头学起，逐渐掌握了相关知识和技能。在天津港南疆港区，他看到了世界最先进的煤炭连续作业生产线。在没有先例借鉴的情况下，孔祥瑞主动请求、勇于担当，组织编写了全国港口第一本系统设备故障维修技术指南，将日常保养和维修的 442 项做法加以总结归纳，供一线工人解决"疑难杂症"。这本维修技术指南实用性很强，深受欢迎。

活到老、学到老。退休后，孔祥瑞回到了他阔别许久的码头，感受到了智能化带来的新变化。基于 AI 的智能运输管理系统、全球领先的"智慧零碳"码头……一系列科技成果已经在天津港落地应用。孔祥瑞对年轻的同事们说："人工智能时代，同样需要我们蓝领工匠。但我们需要转型、需要提升，要学会操作、养护更多的智能设备，把我们的动手能力、技术水平提升到新的水平，这是时代对我们的要求。"

案例分析

孔祥瑞能够在不同的工作岗位上勤学苦练、勇于担当，因此他从一名只有初中文凭的码头工人，成长为了远近闻名的“蓝领专家”和全国劳模。他不断学习新知识、新技能，传承工匠精神，生动诠释了职业迁移能力的重要性。

小结与思考

知识经济时代的到来，给予了我们众多的机遇，同时也对我们的职业适应能力提出了挑战。我们只有做有心人，主动迎接挑战做好准备，才能够掌握职业生涯的主动权，处于人才竞争的优势地位，最终从自己的职业生涯中获得成功与满足。

以下问题值得我们探究与思考。

1. 结合所学内容，绘制技术工人或技能人才就业能力的思维导图。
2. 你认为职业迁移能力的培养对于个人职业发展有什么意义？

第3章

怎样面对工作

第1节 忠诚与责任

微故事导入

“我们更看重的是你的忠诚”

小张是一家汽车零部件生产公司的高级技工。十多年来，他时时刻刻以主人翁精神对待工作，成了业内有影响力的技术能手。近期公司经营遇到困难，处于停工边缘，大家都十分焦虑。

这一天，小张收到某知名汽车生产企业A公司技术部经理的见面邀请，高薪聘他到这家公司就职，但有一个要求，要小张将他掌握的公司的技术资料交给A公司作为入职条件。

对于这个提议，小张断然拒绝：“虽然我处境不好，但是违背原则的事我不能干！待遇再丰厚，也不行！”

不久之后，公司破产了，小张很难过。为了生存，他开始寻找新工作。

一天，小张又接到了A公司的约见电话。在办公室，他受到了总经理的热情接待，并接到一份正式聘书。

这让小张意想不到，公司总经理告诉他，他们既看中了他的技能，更看中了他的忠诚。

故事分析

小张之所以能够在自己即将失业的时候，获得新公司的青睐，一个很重要的原因就是他身上所具备的对企业忠诚的品质打动了对方。小胜凭智，大胜靠德。员工的忠诚对企业来说是一种难得的品德，更是员工个人成功路上的助推器。

问题导入

在职业生涯中，忠诚的重要性体现在哪里？

一、忠诚的内涵

忠诚是指对国家、人民、事业、团队等尽心尽力。忠诚是一种美德，也是一种与生俱来的义务。在越来越激烈的竞争中，人才之间的较量已经从单纯能力对比延伸到了品德方面的对比。在所有的品德中，忠诚越来越得到企业的重视，因为只有忠诚的人，才有可能成为优秀团队中的一员，也只有忠诚的人才有可能得到企业的信任和支持。因此，优秀的员工必须首先忠诚于企业。

二、忠诚于企业

忠诚于企业，是指员工认可企业的前进方向、价值观、企业文化，相信企业将为其提供发展的机会和应得的物质回报，全身心地投入工作中去，把个人的发展融入企业发展中去。忠诚于企业的员工，是敬业的员工，其表现出的特征是：心系企业发展，工作时能够百分之百地投入工作中；认可企业，不受外界干扰；能够稳定、持续地为企业和社会创造价值。

1. 忠诚决定着工作的方向

忠诚在人的综合素质中有着重要的作用，是员工与企业相处的基础。员工的诚信、忠诚等态度对企业十分重要。一个人如果缺乏忠诚，那么他的工作能力越高，其创造的结果就有可能越背离企业的目标。这就如同一个人跑步，如果他的方向与终点相反，那么他的速度越快，最终的结果就越背离终点。

2. 忠诚是个人事业发展的基础

忠诚最大的受益人是员工自己。企业是个人事业发展的平台，忠诚于企业、努力工作，对于个人的职业生涯发展将产生积极的影响。每个企业都需要才能卓越、人品过硬且能与企业共享共担的人才，都愿意擢升这样的人才。忠诚也能够赋予个人更多的工作热情和工作创造力，是铸就职业声望和个人品牌的重要基础。对企业忠诚，可以不断地充实自己，使自己的价值得到体现。

3. 忠诚要有原则

忠诚是传统美德之一，但忠诚不是媚俗，不是“愚忠”，要有原则。这个原则就是以国家和公众利益为出发点，以社会主义核心价值观为准绳。这需要企业和员工双方共同作用，企业必须遵纪守法、合法经营、关心和维护员工合法权益。当企业行为违背以上原则时，员工应当做出自己正确的选择。

拓展阅读

这个社会并不缺乏有能力、有智慧的人，缺乏的是既有能力又忠诚的人。相对而言，员工的忠诚对于企业来说更重要，因为智慧和能力并不代表一个人的品质。对企业来说，忠诚比智慧更有价值。

——比尔·盖茨

如果企业是一片沃土，那么我们每个人就是一棵树，这树的根便是忠诚。

——民间谚语

三、如何做到忠诚

那么作为员工，如何做到忠诚？可以从以下 3 方面入手。

1. 认可企业

认可企业体现在认可企业的前进方向、价值观、企业文化、运作模式等方面。员工如果缺乏对企业的认可，则不可能实现对企业的忠诚。员工要想做到认可企业，就要保持自己与企业同发展的事业心，要把自己的命运与企业的发展紧密相连，即使中间出现了分歧，也应该本着忠诚的信念，求同存异。

2. 尊重工作

员工在日常工作中需要做到以下几方面：自觉执行企业的各项规章制度，不折不扣地执行上级决定；尊重自己的工作，具有一定的使命感和责任感；勇于承担责任，有任务不推诿，工作出现失误不找借口；在做好本职工作的基础上，对企业的发展充满信心与热情；追求自我能力的提升和自我价值的实现，以此推动企业的发展。

3. 服从大局

服从大局，一方面是指绝不利用职务之便为自己谋取私利；另一方面是指任何情况下，总是站在企业的立场上开展工作，即使无人知晓也要主动维护集体利益。企业在发展顺利时需要员工倾力奉献，经营困难时更需要员工鼎力相伴。当你能够以集体利益、整体利益、长远利益为重，懂得在自己的工作岗位上默默付出、将自己的本职工作做到最好，并不断地进行探索和创新时，忠诚才更有价值。

习近平总书记在党的二十大报告指出“培养造就大批德才兼备的高素质人才，是国家和民族长远发展大计”，强调了人才自身要有鲜明的价值导向。报告指出“引导广大人才爱党报国、敬业奉献、服务人民”，这表明，高素质人才要将个人前途命运与国家、民族、人民至上的事业紧密融合在一起；要将自身成长与实现第二个百年奋斗目标、建设社会主义现代化强国、实现中华民族伟大复兴紧密联系在一起；要在为党为国为民贡献智慧和力量过程中实现自身的价值。技能劳动者要成为德才兼备的高素质人才，就必须具备忠诚、敬业、奉献等品质，只有具备这些品质，才能真正做到“爱党报国、敬业奉献、服务人民。”

四、责任心的内涵

责任心是从内心发出的一种自觉心态，当个人将责任心放在工作上时，便成了一名负责任、肯承担的员工。

责任心是成功的基石。俗话说，“在其位，谋其职”，这是对员工责任心的高度概括。但在现实生活中，很多员工对于自己在工作中的敷衍了事总是振振有词：“我其实并不喜欢这个工作；这不关我的事；下班时间到了……”殊不知，正是因为缺乏恪尽职守的责任心使得他们无法成为技艺超群的工匠。优秀的高技能人才恰恰相反，他们往往视责任为使命，哪怕身处的岗位再平凡，也会集中精力把自己的工作做到最好。

责任心是执行力的源泉。责任心强的人必然执行力强，因为他们执行起来没有借口，务求工作取得实效。有责任心的人更容易发现问题、解决问题，因为他们会真正地想办法、出方案、拿措施，排除万难，想方设法地实现战略目标。

对于企业来说，员工拥有足够的责任心，在日常生产中将会极大地降低企业的消耗，增强工作效率的同时也将会提高企业的效益。反之，没有责任心的员工将会浪费企业各种资源，拖累企业的发展。

典型案例

责任心做成的方向盘

在大连市，许多市民记住了一个名字——黄志全。他并不是什么名震中外的大人物，而只是一名普通的司机。人们之所以能够记住他，是因为他在生命的最后一分钟里所做的事情。

1999 年 3 月 14 日晚 7 时左右，大连市公共汽车联营公司 702 路 422 号双层巴士司机黄志全在行车途中突发心脏病，在生命结束前的一分钟，他做了以下 3 件事：第一件事，他把车缓缓地开到路边，停下，然后用尽生命的最后力气拉下了手动刹车闸；第二件事，他把车门打开，让乘客可以安全下车；第三件事，他将发动机熄火，确保了车辆和乘客的安全。做完这 3 件事以后，黄志全的头垂了下去，他趴在方向盘上，永远地停止了呼吸。

这件事在当地传开之后，所有听到的人无不震惊，无不感动。

这名平凡而又伟大的司机，用他临终时的行为，为人们解释了什么叫作“尽职尽责”。在生命即将结束的时刻，他在意的不是自己正在忍受的痛苦，不是死神降临的恐惧，而是作为一名司机应该考虑的满车乘客的安危。所以，他用惊人的毅力支撑着自己完成了最后的使命，然后才安然地闭上了眼睛。

案例分析

在这个事件中，黄志全主动履行好自己的职责，用自己的生命诠释了他的责任和担当。一个人，只有具备强烈的责任心和敢于承担责任的勇气和能力，他才能更好地实现自己的价值，释放出更多的潜能，为社会创造更多的价值。

五、如何保持职场责任心

1. 工作认真

认真的工作态度是职场责任心的第一要素。在日常工作中，有这样一类人，他们头脑聪明，也很能干，却成绩平平，甚至常出纰漏。究其原因就是不够认真。有责任心的人执行工作之前会做好周密的计划，做好充足的准备；在执行工作过程中，会井井有条、一丝不苟，努力减少工作失误；在工作结束后会查漏补缺，复盘总结经验教训，提升下一次的工作效能。对自己的工作持有严谨、认真的态度，是职场责任心的基本要素也是首要要素，直接影响工作效果的好坏。

2. 主动思考

人都是有惰性的，技能劳动者也不例外，当在某个岗位上工作时间太久的时候，就会产生惯性思维，墨守成规，不再主动思考，不再主动判断，依赖于以往的经验去处理问题。一个人长期如此，遇到新的问题就会变得束手无策，更无创新能力可言，也就逐渐失去了责任心。有责任心的员工一定会时时主动思考，他们会根据自己的工作经验和掌握的信息主动解决工作中的问题、探索创新。

3. 时刻保持危机意识

目前我国发展进入战略机遇和风险挑战并存、不确定难预料因素增多的时期，各种“黑天鹅”“灰犀牛”事件随时可能发生。企业生产经营过程中，也常常会遇到困难和波折。有责任心的员工需要时刻保持危机意识，增强忧患意识，在工作中善于观察和思考，及时发现和处理工作中隐藏的危机，或向上级发出预警。

小结与思考

一个人在职场中最可贵的品质是什么，应该是忠诚与责任。只有具有忠诚与责任心的人，才能够全心全意地把自己的精力与智慧奉献给所供职的企业和所从事的工作。忠诚是一种职业的责任感，尽职尽责才会尽善尽美，保持忠诚才会深耕职场，走得更远。没有责任心，忠诚无从谈起；没有忠诚，责任心则无落脚之地。

以下问题值得我们探究与思考。

1. 你如何看待企业裁员与企业忠诚之间的关系？
2. 如何做到对企业忠诚？
3. 你对责任心如何理解？

第 2 节 敬业奉献

微故事导入

宁愿一人脏　换来万家净

李萌，一位 1989 年出生的北京姑娘，作为北京市东城区环境卫生服务中心环卫十所“三八女子抽粪班”班长，她义无反顾地选择冲在脏、苦、累的劳动第一线，为的是让这座城市的环境更加美好。

2011 年从部队退役后，李萌放弃了很多“更好的”选择，来到了第一代全国劳动模范时传祥生前工作的单位，东城区环卫中心十所，负责二十多座粪井的粪便抽运工作。

为了克服气味难关，她在每天工作结束之前坚决不吃饭来抑制生理反应，总是饿着肚子从事抽粪这项重体力劳动；为了掌握抽粪技术，她每天下班之后都会总结一天的工作经验，然后画图分析技术要领。就这样，不到半年时间，她就适应了工作环境，掌握了工作技能，将本职工作做得井井有条。

她每天穿梭在纵横交错的狭窄胡同中，要抱着抽满粪便 30 ~ 35 千克重的粪管来回地晃动，把粪井的粪便抽运干净，赶上粪管堵塞，还得用手把杂物抠出来。日复一日，年复一年，为了老百姓舒适整洁的生活默默奉献，不怕脏、不怕苦、不怕累。多少次因杂物阻碍粪车通行或压占井盖，不能及时抽运，她遭到了居民、商贩的不理解与谩骂。但是，面对这些李萌从未退缩，而是努力想办法改进自己的工作，主动与居民协调抽粪的时间，最大限度的满足老百姓的需求，做到服务好、不扰民，她的行动感动了辖区的老百姓。

宁愿一人脏，换来万家净。李萌把自己的青春奉献给了工作，2017 年她被推荐为党的十九大代表，2012 年被评为“北京榜样”十大人物，2018

年荣获全国五一劳动奖章，2022 年又被推荐为党的二十大代表。

故事分析

吃苦耐劳、踏实能干、干一行、爱一行；干一行、精一行。李萌用敬业奉献谱写的青春之歌，不仅赢得了百姓的尊重，也体现了自己的人生价值。正是无数像李萌这样的劳动者的无私奉献，推动着国家、社会不断向更美好的未来阔步前进。

问题导入

在职业生涯中，你如何理解敬业奉献，又该如何践行敬业精神、奉献精神？

核心要素

敬业乐群

甘于奉献

一、敬业乐群的内涵

敬业乐群出自《礼记 · 学记》，意为认真恭谨地对待自己的分内之事，乐于与人相处。“业”本指学业，也可理解为自己所从事的职业、工作及分内之事；“群”本指同学、朋友，也可理解为团队和社会。

敬业乐群是中华民族的传统美德。2014 年 10 月，习近平总书记在文艺工作座谈会上指出，中华民族在长期实践中培育和形成了独特的思想理念和道德规范，……有自强不息、敬业乐群……中华优秀传统文化中很多思想理念和道德规范，不论过去还是现在，都有其永不褪色的价值。

具体地说，敬业是人们基于对一件事情、一个职业的热爱而产生的一种全身心投入的精神，是社会对人们工作态度的一种道德要求。宋朝朱熹说，“敬业者，专心致志，以事其业也”，即用一种恭敬严肃的态度对待自己的工作。敬业精神是把工作当成自己的事业去努力经营，本着认真负责、一丝不苟的工作态度，努力克服各种困难去完成自己的本职工作，做到善始善终的一种精神。乐群，指乐于与人相处，合群。“敬业”还要“乐群”，才是职场人安身立业的基础。

拓展阅读 富强、民主、文明、和谐，自由、平等、公正、法治，爱国、敬业、诚信、友善

——社会主义核心价值观

二、如何做到敬业乐群

1. 树立职业理想

树立起职业理想，更好地了解自己、了解这份职业，了解自己从事的职业的美好前景，才能对自己的美好未来产生强烈的向往之情，为自己注入更多奋斗的动力，才能让自己不怕困难、积极进取、坚决执行。如果在工作中遇到了困难，职业理想也会鼓舞个人坚持不懈、永不放弃。总之，拥有职业理想会让自己的敬业度不断提升。

2. 敬重工作，精益求精

敬业要体现在实干中。敬业精神就是在职业活动领域中要干一行、爱一行、专一行，始终保持高昂的工作热情和积极向上的劳动态度，以正确的人生观和价值观指导和调控职业行为，敬重并热爱自己所从事的职业；要培养认真踏实、恪尽职守、精益求精的工作态度，艰苦奋斗、务实苦干，努力成为本行业的行家里手。

3. 谦虚谨慎，乐于合作

敬业与乐群是分不开的。要实现乐群，首先要有谦虚谨慎的态度。待人接物中谦虚谨慎，才能让人易于接近和接受，得到人们的认同和赞许，也才能做到彼此关系融洽，和谐相处。其次，要有团结协作的精神。俗话说“单者易折，众则难摧”，任何一个人的力量都是有限的，只有学会团结协作，自觉地把自己纳入群体之中，才能把自身价值最大限度地发挥出来。最后，要有开阔的胸襟，遇事不斤斤计较。多站在对方的立场上考虑问题，少围着个人的小圈子想事情。有容人之心，才可能被人容纳，做到与同事融洽相处。

三、奉献精神的内涵

在中国古代“奉”和“献”两个字原义全部有祭神的含义，但是在中国的传统文化里，“奉献”更多地表现为一种内省的精神，是为了道德理想能够献出一切的精神。

在现代社会中，奉献是一种只有付出不求任何回报、不计个人得失的精神和理念，是一种真诚自愿的付出行为。奉献精神是一种能鼓舞和激励人们奋发向上的巨大力量。奉献精神是一种爱，是对自己事业的不求回报的爱和全身心的付出。

典型案例

石油报国英模——孙波

“中亚管道速度”被誉为世界管道史上的新奇迹。这奇迹的背后，是许许多多石油人的奋斗，更是孙波发挥集团公司整体优势用心血乃至生命写就的。为了这一奇迹，他以超负荷的冲刺状态，跑了一场长达 28 个月的马拉松。

此前，世界上同等规模跨国工程用时最短的是耗时 6 年建成的马格里布—欧洲输出管道，而在孙波带领下，中亚天然气管道只用了 28 个月的时间便建成了。

为按期通气，他按照集团公司党组的“顶层设计”，夙夜筹谋，将整个工程划分为五大刚性节点，围绕这些刚性节点，抢融资，抢详勘，抢初设，抢长线设备订货，抢施工设备动迁。但最要抢的，还是时间。

28 个月中，整个中亚管道团队都处于一种超常的高负荷工作状态。作为领跑人，孙波更是如此。两年多时间里，他几乎没有休过一个周末，每周工作七天是常态，除去睡觉的三五个小时外，他几乎都在工作，坐车、吃饭都是他可以用来工作的时间。中午开会，误了饭点，就在会议室里拿盒饭当午餐，又继续投入下午的工作。他在中亚各国间奔走，创下了几百万公里夜间飞行纪录。深夜起航，凌晨到达，仅有两三个小时的短暂休整时间，还时常要用来进行谈判准备。

“对于孙总，没有倒时差的概念。”“孙总的体力超人、耐力超人、毅力超人。”海外的同事们都这样说。

他不是超人，也是个有着血肉之躯的普通人。在他的心里，有一种信念和力量，支撑着他不断前行，那就是为祖国“加油争气”！几年来，他“落实资源、建设通道、平稳运行”三管齐下，带领中亚天然气管道公司步入持续快速跨越发展的快车道。五年中，中亚天然气管道气源由 300 亿立方米 / 年扩大至 800 亿立方米 / 年，为后续发展打下了坚实的资源基础。截至 2012 年底，中亚天然气管道已安全环保地为国内输送 450 亿立方米天然气。孙波带领全体建设者创造的“中亚管道速度”，将永远载入共和国史册。

案例分析

恪尽职守、无私奉献，是中华民族最宝贵的精神财富，是中华民族始终屹立于世界民族之林的根本保证。石油报国英模孙波同志，正是以这种精神为支撑，用生命为祖国争气、为民族加油，书写了中国石油海外事业发展的传奇，奏响了保障国家能源安全的壮丽乐章，彰显了生命的价值和意义。

四、如何践行奉献精神

1. 要将奉献融入人生观、价值观

奉献意识的培养不仅在于理论的学习，更应融入个人的人生观、价值观，大处着眼，小处着手。要认识到工作也是对社会、对国家的奉献。敬业是奉献的基础，乐业是奉献的前提，勤业是奉献的根本。在实现个人价值的同时，也应创造社会价值，对社会做出贡献。在社会价值与个人价值冲突时，应以法律和道德规范为天平，以社会价值为准绳寻求解决之道。

2. 要有吃苦耐劳的精神

习近平总书记指出："实现中华民族的伟大复兴是中华民族近代以来最伟大的梦想，需要一代又一代人接续奋斗。"践行奉献精神不但要有对工作的热情，还要具备健康体魄和敢于吃苦、能担当、敢担当的综合能力，奉献精神必须渗透在实际工作中。应永葆吃苦耐劳的精神，踏踏实实干好本职工作，客观辩证地看待工作环境和岗位回报。

3. 要有学习专业知识的本领

企业的发展必须依靠一批专业高素质的员工。面对具体工作环境，一定会碰到许多书本中学不到的现实问题，具有奉献精神的员工必然要具备学习专业知识的能力才能攻克实际难题。随着产业技术不断更新，只有常学常新才能进步成长、与时俱进。奉献精神要求员工根据岗位职业能力要求，不断进行专业知识学习，充分发挥理论在实践中的指导作用。

典型案例

在工作岗位坚持到生命最后一刻

在践行航空强国梦的征程中，人们将永远铭记原沈阳飞机工业（集团）有限公司（简称“沈飞公司”）董事长、总经理——罗阳所做出的卓越贡献。他 1982 年参加工作以来，一直奋战在航空一线，在平凡的岗位上铸就了“航空报国”的不朽丰碑。

“十一五”时期，是我国社会主义现代化建设的关键时期，国际形势风云变幻，空海军亟须战略转型，武器装备亟须升级换代，此时的罗阳毅然担起了沈飞公司掌门人的重任，用五年时间硬是蹚出了一条军机研制的新路。相继实现六型飞机成功首飞、两型飞机设计定型，并批量交付部队形成战斗力，有力地推动了我国国防武器装备的升级换代和空、海军战略转型，实现了沈飞从单一机种向多个型号机种的转变，从单一国内市场向国际军贸市场的开拓。

新研能力跨代飞跃

罗阳同志积极探索新机试制新模式，成立了新机试制快速反应中心，大力实施并行工程，极大地缩短了新机研制周期，某型飞机从设计发图到成功首飞仅用了 10 个半月，“鹘鹰”飞机作为跨代机型，也仅用了 13 个月的时间，成功实现了生产能力由三代机向四代机的换代升级。罗阳着眼未来，注重提升产品研发能力和制造能力，无图制造技术等一大批新技术、新工艺的开发应用，推动了我国航空制造技术水平快速进步。

攻坚克难创造奇迹

在公司科研新机研制周期紧、难度高、风险大、任务重的情况下，他强化组织管理，形成了责、权、利清晰，纵向畅通、横向协调、运行高效的管理体系。在型号研制关键时期，他通过签发总经理令，成立现场工作组，强化生产计划的严肃性和执行力，亲自与相关单位签订“责任状”。组织部装、总装和试飞“三大战役”，集中力量开展重点型号攻坚决战，推动军机研制取得重大进展。

创新打造现代企业

罗阳建设性地提出了“十个统筹”的发展思路，着手整合“军机、民机、非航、通航、零部件”五大业务板块，打造战略中心型现代化企业。加强国际合作，研制生产 C 系列飞机，实现民机转包生产向风险合作转变；通过“全球化思维，本地化运作”，转包生产年出口交付额突破一亿美元大关。他提出了管理“四化”，即管理“严格化、精细化、规范化和标准化”，全面推行现代管理工具，为企业转型发展提供了强劲动力。他强化“人才”培养，塑造职业精神，公司涌现出了几十名专家领军人才和多名全国技术能手、全国五一劳动奖章获得者，有力提升了人才队伍整体素质和战斗力。

罗阳在工作中

在生命的最后一个月里，罗阳不知疲倦，殚精竭虑，在实现了两大重点型号相继成功首飞后，便赶赴珠海航展为“鹘鹰”呐喊，继而又转战辽宁舰为“飞鲨”助威，直至生命的最后一刻……2012 年 11 月 18 日，身为歼 15 飞机现场研制总指挥的罗阳参加歼 15 舰载机首次实际着舰试验。

他深知，这次上舰是他和歼 15 的“高考”，责任重大！他及时和团队成员制定调试方案。为了掌握第一手资料，罗阳每次都近距离观察飞机起降，最近时不到 20 米，发动机轰鸣声震耳欲聋，整个胸腔承受着巨大压力。就在圆满完成歼 15 在辽宁舰首次起降训练任务、开创中国航母事业新纪元的光荣时刻，11 月 25 日，罗阳因连日工作，积劳成疾，突发疾病逝世，终年 51 岁。

案例分析

罗阳曾经说过一句话“设计制造飞机，一手托举着国家的巨额财产，一手还要托举着飞行员的生命，制造大国重器容不得半点马虎”。他参加工作以来，立足航空一线，在平凡的岗位上缔造了卓越功勋。罗阳以国家振兴为己任，以企业发展为己任，把全部的精力奉献给了祖国的航空事业，成就了沈飞的五年蝶变。他留下的“罗阳精神”——“信念坚定、对党忠诚的政治品格；矢志不渝、航空报国的爱国热情；恪尽职守、忘我奉献的崇高品德；严于律己、淡泊名利的人生境界”——成了取之不尽、用之不竭的宝贵精神财富，将永远激励航空人在实现航空强国梦想的路上拼搏创新、奋飞图强！

小结与思考

敬业是中华民族的传统美德，是一种基于挚爱对工作和事业的忘我投入精神；乐群是乐于与人相处，合群。每个人都有责任、有义务，责无旁贷地去做好每一项工作，敬业乐群是职场人安身立业的基础。奉献精神将个人的成长成才与企业的发展、国家和社会的繁荣联系起来，不但是实现个人价值的途径，更是推动企业发展，社会进步的强大力量。

以下问题值得我们探究与思考。

1. 在工作中如何实现敬业乐群？
2. 你如何理解奉献精神？
3. 在工作中如何践行奉献精神？

第3节 学会感恩

微故事导入

感恩的力量

技术员小李在一家工厂生产车间干了8年，正当他干的得心应手时，公司倒闭了。这时，又恰逢他的第二个儿子刚刚降生，他必须马上找到新工作。

有一家工厂招聘技术工人，待遇很不错，小李信心十足地前去应聘。凭着过硬的专业知识，他轻松地过了笔试关。两天后就要参加面试，他对此充满了信心。

可是面试时，考官提的问题是关于智能制造业未来发展方向的，他从来没考虑过这方面的问题。他被淘汰了。

不过这家公司对传统制造产业的理解让他耳目一新。他给公司写了一封感谢信，“贵公司花费人力物力，为我提供笔试、面试的机会，我虽然落败了，但长了很多见识。感谢你们的劳动，谢谢！”这封信经过层层传阅，后来被送到总经理手中。

三个月后，小李意外地收到了该公司的录用通知书。原来，这家公司看到了他懂得感恩的品质，在有职位空缺的时候自然就想到了他。十几年后，小李凭着出色的业绩成了车间的技术能手。

故事分析

小李之所以能够最终获得一份工作，其原因是他具有感恩的心。在企业中，知道感恩的人会更受欢迎。人力资源专家表示，许多知名企业在招聘员工时，看重的不仅仅是他们的专业知识，更是他们处理问题的方式和融入企业的速度，换句话说，就是能否怀着一颗感恩之心去踏实做人、做事。

问题导入

为什么说感恩是最重要的职场哲学？

核心要素

为何感恩

如何感恩

感恩什么

一、感恩的内涵

感恩指对别人所给的恩惠表示感激。自古以来，人类感恩的美德一直在延续。滴水之恩，当涌泉相报。懂得感恩是一个人最起码的道德品质，能知感恩也是懂得真善美，分辨是非的最起码的觉悟要求。

一个人从呱呱坠地起，就沐浴太多的恩情：父母的养育呵护，师长的传道授业，夫妻的相濡以沫，朋友的意气相投，邻里的真情帮扶，素昧平生者的无私援助，更有社会提供给良好生存环境和发展机遇，乃至大自然的阳光雨露、春华秋实。鸦有反哺之义，羊有跪乳之恩，人不能缺少一颗感恩之心。

人之所以区别于一般动物，就在于人有感情、有道德，有感恩之情、有正义和责任之感。人人都应当常怀感恩之心，我们常说的“孝道”“尊师”，就是要求子女对父母、学生对老师感恩。只有心存感恩，互相帮助，社会才能文明、温馨、和谐、平安。

二、在工作中为什么要感恩

1. 感恩让职场成为快乐工厂

每一个职场人都可能会遇到失败的沮丧、市场的无常、同事间的竞争等，这些都是职场人走向成功必须体验的感受和必须经历的锻造，也成为职场人宝贵的经验和财富。如果缺少感恩，职场中就充满了抱怨、牢骚等，工作中的种种不如意会导致人们对工作失去动力。感恩能让人们善待身边的人和事，同事之间的关系变得融洽，良好的人际关系让人心情愉悦、让工作事半功倍。感恩能让我们保持积极向上的心态。劳动者用感恩的心态去工作，工作将成为享受生活的一种方式，我们能够感受到工作的快乐，工作也会更出色，更能够实现自己的人生价值。

2. 感恩是最实用的职场哲学

在企业中，知道感恩的人会更受欢迎。然而，现在有很多员工往往无视自己所在企业的种种帮助。他们将这一切视为理所当然，视为纯粹的商业交换关系。

诚然，雇佣与被雇佣是种契约关系，可在这种契约关系的背后，也可以有感恩的成分，正是因为有了工作机会，个人才有了生存的物质和实现人生价值的舞台；自己的聪明才智才有了萌芽的乐土，人生阅历才得以丰富；能力和才华才有得以施展的机会和空间。做一名感恩的员工，会因懂得感恩、主动工作而获得快乐，也更容易在工作中实现自我、提升价值，得到满足。一颗感恩的心，就是一粒种子，一旦它被种在心里就会逐渐成长，并不断激发出个人的实力与潜能。

拓展阅读

一位成功的企业家曾说："是一种感恩的心态改变了我的人生。当我清楚地意识到我无任何权利要求别人时，我对周围的点滴关心都怀抱强烈的感恩之情。我竭力要回报他们，我竭力要让他们快乐。结果，我不仅工作得更加愉快，所获帮助也更多，工作更出色。我很快获得了公司加薪升职的机会。"

三、感恩是可以习得的能力

感恩并非与生俱来的天性，它需要后天的养成。学会感恩，并不是要做所得与付出的价值交换，而是要更懂得尊重和珍惜，并从中认识到每个人的社会责任。作为员工不能只把感恩挂在嘴上，更应该表现在具体的行动上。

我们要珍惜当前的工作，要努力工作，回报企业最好的办法就是不断创造出色的业绩。要懂得换位思考，在工作中不能只考虑自己的利益，也应该站在集体的角度想一想。多与领导沟通，让领导知道还有员工能够理解他，做他的坚强后盾。要有宽容之心，每个企业都有自己的优势和弊端。面对一些不足，我们要有包容之心。

四、在工作中应感恩什么

1. 感恩企业

在职场中，能力相当的人并不在少数，但是企业却偏偏选中了自己，这使自己的才能得以展示，也拥有了稳定的收入。因此我们要感激企业为我们提供了工作的机会、施展才华的平台和成长进步的空间。

2. 感恩比自己强的人

职场中强手如云，我们需要承认，这些强者肯定有某方面比自己出色。比自己强的人，让我们看到了自己的差距。尤其是他们中有些人还乐于指出我们自己的不足；有些人虽没有主动指导我们，但是他们展现了更好的做人、做事方法，使我们得到了免费的教导。对于这种可以称之为"榜样"的人我们应心存感恩。

3. 感恩对自己要求严格的人

如果能有人时刻来规范你的行为，帮助你改掉坏的习惯，不断地养成好的习惯，那么你是十分幸运的。他人对自己严格要求，是他愿意花时间来培养你；上司对你严格要求，是他期望你可以承担重任。感谢这些人，你在职场上才能获得长足的成长，认识到自己的问题和不足。

4. 感恩包容自己缺点与欣赏自己长处的人

人无完人，每一个人都有自己的缺点，同事或上司可以包容你的缺点，同时还愿意让你在工作中去发挥长处，也懂得去欣赏你的长处。遇到这样的人，本身就是一种幸运，对他们感恩才能在残酷的职场竞争中获得温暖。

5. 感恩职场上的对手

职场之中有利益的地方便存在竞争。人的能力是在奋斗的过程中不断提升的。一个没有对手的人，永远也不可能获得长足的进步。面对对手应保持警惕，但是更应怀有感恩之心。正是他们的存在，让自己明白了自身的不足，让自己时刻都知道，应持续成长，因为永远有比你更强的人存在。

小结与思考

当你得到一个机会的时候，如果能怀有感恩之心，就会拥有最大的动力，发挥自己最出色的才能，做出最好的成绩，才能拥有更多的机会。你如何对待职业，职业也会如何对待你；你如何对待他人，他人也会如何对待你。在职场中，感恩是最好的职场哲学。

以下问题值得我们探究与思考。

1. 为什么说感恩是最好的职场哲学？
2. 在工作中，应该感恩什么？
3. 契约关系和感恩是否存在矛盾？

第4章 提升我的工作本领

第1节 培养计划能力

微故事导入

王军：一点儿也不能差的最美铁路人

王军，中共党员，“王军车站值班员”铁路技能大师工作室负责人，2020年被评为全国劳动模范，2021年获得“最美铁路人”荣誉称号。

衡阳站是京广大动脉的咽喉，5条干线交会，29条股道密布，接发列车、调车等多项作业穿插，平时保畅通就不容易，遇到突发情况更是难上加难，这需要王军忙而不乱，沉着应对。2019年1月28日0时22分，客车K1296次因为大雾无法辨认信号，在京广线上行进站信号机外停车，王军一面通知后续列车注意运行，一面再次确认进站信号机显示正常后，向列车调度员汇报，改用天气恶劣难以辨认信号的办法行车，使得后续列车陆续恢复运行。处理完K1296次列车进站问题后刚想松口气，京广线下行客车K1007次呼叫接进，王军立刻意识到，如果按原计划接进三道停车，会影响衡柳线接车，进而引起京广大动脉堵塞。他立马拨通调度电话，建议把这趟车推迟1分钟接入四道，调度迅速变更运行计划，确保了衡柳线列车正常通过。像这样因恶劣天气、自然灾害等引起的非正常情况，每年都会遇到五、六起，每一起都事关重大，如果处理不好，就会堵塞一个站，打乱一条线，影响一大片。

在王军从信号员、助理值班员、连结员、调车长、车站值班员一路走来的过程中，在每个岗位的工作中，王军都一再提醒自己，“车站安全畅通和运输秩序，决不允许在我手中出现纰漏”。截至目前，王军累计安全办理20万余次趟列车作业、1.2万余次钩调车作业，消除80余起安全隐患。

案例分析

在工作岗位中，一板一眼地执行计划，是非常重要的。技能人才不但要保证企业、班组计划的正确执行，也要保证计划实施的质量。既要做正确的事，又要正确地做事。如此，才能实现自身价值与企业价值的统一，并实现增值。

核心要素

做正确的事

正确地做事

任务落到实处

技能人才在日常工作中需要具备计划意识。计划意识首先体现在能够踏踏实实地按企业的生产计划行事。企业的计划，无论是长期计划还是短期计划，都是为了实现企业的发展目标、满足市场需求而制定的，有很强的目的性。作为企业中的一员，需要通过执行企业生产计划，来实现与企业发展的“同频共振”，从而在工作中实现自己的价值。

一、要做正确的事

计划，为今后一段时间的发展指明了道路。因此，作为企业集体中的一员，技能人才应当根据企业计划、班组计划等正确地制订个人工作计划，并贯彻执行。制订了符合实际的计划后，就应当去贯彻执行，再好的计划如果没有执行，没有实践，也是不具备任何价值的。

二、正确地做事

正确地做事，是在执行计划过程中，要能够综合运用各种方法，保质保量地完成工作。随着技术水平的发展，我们拥有了更多的技术手段来完成各项工作。而选择使用怎样的技术手段，成为工作中必须面对的问题。有些技术手段的使用，可以带来产品产量的提升，但是无法保证产品质量；而另一些技术手段，能尽善尽美地完成产品，却需要付出高额的时间和资金成本。因此，正确地做事，就需要在实际工作中，选择恰当的技术手段，综合考虑质量、时间、成本等多方面因素。

三、把任务落到实处

技能人才应如何一丝不苟、有板有眼地执行计划，把工作计划转化为工作任务并落到实处，实现个人工作本领和个人价值的“双提升”呢?

1. 端正思想态度，用心用情看待工作任务

在完成工作任务时，应当首先端正自己对工作任务和完成工作任务的认识，不应该把它仅仅看成每天的程序化工作，而敷衍了事。要认识到，一方面，需要完成的工作任务是支持企业履行社会责任的一个环节，只有每个人都认真完成工作任务，企业才能将优质的产品和服务提供给社会，从而为中国式现代化做一份贡献。另一方面，也要认识到，完成工作任务的过程是个人提升自己的能力，打磨自己的技能，从而实现个人价值的过程。

2. 做好提前谋划，不断细化工作任务分解

在落实任务的过程中，应当做好各项工作的统筹安排，提前谋划关键节点，保证工作进度。毋庸置疑，现代企业生产线上的任何一个环节都是不可或缺的，每项工作任务都与其他工作任务发生广泛联系，牵一发而动全身，因此任何一个工序的滞后都会造成难以挽回的影响。应当对工作任务做好谋划，对工作任务进行合理分解，制定任务清单，从而实现流程工序的顺利操作。

3. 分清轻重缓急，精益求精、持之以恒工作

在完成工作时，应当分清轻重缓急，着急的事情尽快做，重要的事情用心做。还应当秉持工匠精神，精益求精地做好每一道工序，在每项工作中追求卓越品质，不能为了赶工期、赶进度而放松对工作的质量要求。天下难事，必作于易；天下大事，必作于细。“技”只有在不断的打磨中，才能越发精湛。要持之以恒地干好工作。做好一天的工作、高质量完成一次工作任务容易，难的是长年累月始终如一地做好每一天、每一次的工作。

4. 用好任务清单，全面检查任务完成情况

工作成果和工作质量是对工作计划及其执行情况的检查，没有对工作成果和质量的检查，工作任务的落实就没有意义。需要强化成果导向的工作任务检查意识，工作完成后，对照任务清单中所明确的任务成果进行检查总结，通过检查，保证工作进度、补齐工作短板、提升工作质量。

小结与思考

技能人才是我国实现高质量发展和中华民族伟大复兴的重要人才基础。技能人才需要在每一天的工作任务落实中，不断磨炼自己的本领，提升自己的技能，夯实成长为“大国工匠”的基础，不断实现个人价值。

以下问题值得我们探究与思考。

1. 在日常工作中，你是如何完成工作的呢？是做完、做好，还是做成精品？

2. 你该如何锤炼自己的技能，打造自己的工作法？

第2节 增强团队合作能力

微故事导入 团结，打磨出国产大飞机的“中国心”

从嫦娥奔月到万户飞天，再到C919大飞机翱翔于九天之上，中国人一直有对星空的向往。然而，中国人的飞天路，走得很崎岖。其中一个关键因素是，大飞机的核心技术——金刚石滚轮研磨技术，一直被西方所垄断。而在中国航发沈阳黎明航空发动机有限责任公司（简称中国航发黎明），有一群“打磨匠”就不信邪，一定要蹚出一条金刚石滚轮研磨技术的“争气路”，实现中国人几千年以来的航天梦。

在这个“打磨匠”团队中，不但有大国工匠洪家光，也有许许多多普通的一线技术工人。虽然身份不同，但是他们有着一致的信念和目标，就是要为中国的大飞机打磨出“中国心”，啃下金刚石滚轮研磨技术这个制约中国航空发展的拦路虎。虽然前进路上障碍重重，但是他们团结协作，不断攻坚克难。理论知识不到位，那就学；机床不符合要求，那就改良机床。虽然他们在团队中仅仅是做好自己的工作，但正是因为他们的团结合作，解决了各种问题。终于在经过了5年的辛勤付出后，中国航发黎明“打磨匠”团队实现了我国金刚石滚轮研磨技术的突破，令西方同行惊诧，打磨出了国家科学技术进步奖。

“责任不容我们懈怠，使命不容我们停歇，要打造更强劲的‘中国心’，还有更多的难题等着我们去攻克。”洪家光说。而他们这个“打磨匠”团队，也将继续精诚团结，不断解决中国航空业发展中的问题，让中国人骄傲地翱翔于碧海蓝天之上。点点星火，汇聚成炬，这就是中国力量！

故事分析

独木难成林，中华民族自古以来就强调团队合作的重要性。因为我们并非完人，总会有这样或那样的缺点；而通过团队合作，能够很好地避免技能人才个体的不足，发挥每个人的长处。组织合理的团队，能够产生集体力量大于个人力量之和的作用，能够带来无穷的战斗力。

问题导入

我们为什么要进行团队合作？我们该如何实现高质量的团队合作？

核心要素

团队价值

团队合作

团队成长

我们每个人都是极具价值和能力的个体，在充分发挥主观能动性的情况下，总会取得很多成绩。然而，我们也必须承认，在很多情况下，要想实现更好的发展，取得更大的成果，离不开团队合作。因此，培养团队合作意识，在技能人才成长成才道路上显得尤为重要。

一、团队价值，战必胜、攻必克

团队的能力大于个人能力之和。在一个班组中，每一名员工都是独一无二的个体，具有别人所不具有的能力。但是，每个班组所面临的任务，所要完成的工作要求，是远远高于个人能力所能企及的高度的，这就需要每一位班组成员通过合作，将个人的力量积聚起来，才能使得完成高标准的任务成为可能。通过团队合作，能够实现能力叠加的“化学效应”，得到意想不到的收获。

团队能够让每一名成员产生归属感。在同一个团队中，成员之间有相同的目标、有共同协作的意愿、有更有效的信息。这些因素，都能够加深彼此之间的理解和情感联系，从而让组织中的员工对彼此有更深的情感信赖，对团队产生归属感。归属感能够使团体成员不断产生更强大的工作动力，提高团体的绩效。

在团队中，可以互相学习，促进创新。每个人都有希望得到他人尊敬的心理，而这种心理因素会增强员工的上进心，不自觉地要求自己在团队中做到最好，从而赢得团队中其他成员的尊敬。而没有实现自己目标的成员，会以其他成员为学习榜样，学习其他成员的长处，实现个人能力的提升。团队成员在互相竞争、互相学习中，实现思想的碰撞，产生新的想法，促进团队创新，从而提高团队绩效。

二、学会合作，相向而行聚力量

典型案例

“你们的工作很重要，也很光荣！”

中国航发沈阳黎明航空发动机有限责任公司（简称中国航发黎明）是新中国航空涡轮喷气发动机的摇篮，是共和国空中战鹰强劲动力的诞生之地。1983 年，李志强从守备十二师警卫连退伍。退伍后，他选择了中国航发黎明，并在毛主席曾经视察过的总装车间光荣地成了一名航空工人。

航空发动机结构复杂，共需装配数万个零件，零件间的衔接异常精细，堪称极致的工业艺术。作为发动机制造的最后一道生产工序，如何在提高工作效率、缩短装配周期的同时，切实保证航空发动机质量、保障飞行安全，成为横亘在李志强班组面前难以两全的难题。

“一定要改变这种模式！”看着一个个因连续加班加点工作而疲惫不堪的年轻人，李志强暗暗下定了决心。就在这时，一个异常大胆的想法在他的脑海中出现了——可不可以实现接力作业？接力作业就是将有限的人员分成几组，从而实现长时间的接续生产。这个类似于“倒班制”的办法看似司空见惯，几年前却是史无前例的，没有任何国家敢在航空发动机装配环节采用这种方法。原因很简单，一个由几万个零件组成的复杂机器，其装配过程的精密程度不亚于一台心脑外科手术，中途换人就相当于手术进行到一半的时候更换主刀医生，没有人敢保证中途易手之后的工作质量。

“就算是雷区，也要进去闯一闯！”李志强带领着班组人员开始了大胆的尝试。

李志强从提高团队工作效率、缩短装配周期入手，一方面将操作细化成 60~90 个工序，把每道工序控制在 5~15 分钟内，实现了两班制接力作业、接续生产，开创了国内航空发动机装配生产组织的先河。另一方面，根据班组员工的装配技能和熟练程度，合理进行人员搭配，通过发挥人员的比较优势，提升了班组中小团队的综合能力，大大地提高了装配效率，在 2013 年创造了连续 99 天完成全年任务量的行业奇迹。2014 年，中国航发黎明生产任务更加繁重，李志强继续在两班倒的基础上合理调配人员，通过优化生产流程，每天减少 3 小时的生产准备时间，并进一步完善班组标准化作业，作业时间精细到分钟，精简作业小组，进行平行生产，在未增加人员的情况下，将某产品装配周期从两天缩到一天，完成了超出班产能力 80% 的任务，李志强更是每天工作 12 小时以上，最长连续36小时不下火线，激励班组成员共同努力，再次创造了单月发动机装配交付的历史纪录，打赢了一场近乎不可能完成的战役。

2013年，习近平总书记视察中国航发黎明时与李志强握手、交谈，并对在场的工人说："你们的工作很重要，也很光荣！"

案例分析

在一个团队中，既不能妄自菲薄，认为有无自己都不重要；也不应该妄自尊大，把自己看成完成团队工作任务的"唯一解"。李志强不但通过自己亲自操刀改革流程来加强团队合作，也通过自己的行为激励同事们合作，最终"创造了单月发动机装配交付的历史纪录，打赢了一场近乎不可能完成的战役。"技能人才在日常工作中，应该学会与同事合作，共同完成团队工作任务，通过团队合作创造更大价值。

在工作中，企业员工应如何同组织成员、其他同事开展合作呢？

1. 要做好自己的事情

团队中每个成员都是为了完成组织的任务目标而存在的。每个人都有自己特定的岗位职责，只有把自己分工中的事情完成，才能最大限度地减少给别人带来的麻烦。在这个前提下，去帮助别人，与他人合作，才能达到完成团队任务的效果。

2. 要为他人着想

我们在与他人的合作中，不要老是考虑自己的利益得失，要多为他人着想。遇到问题、事情等，多站在他人的角度去想想，这个事情会给同伴造成怎样的影响，如何处理才能让别人更接受这件事，并且有助于问题的解决和组织任务的达成。

3. 要相信其他成员

在一个团队中，归属感的形成是成员之间相互信任的结果。如果成员之间相互猜忌，相互不信任，就无法产生团队归属感，无法优质完成各自的分工任务，从而也难以完成团队的目标。同时，猜忌、推脱责任，也浪费了员工宝贵的时间，无法集中精力在正确的事情和重要的事情上。

4. 要按照分工做好自己的工作

团队成员之间，为了团队任务的达成，总要有一个明确的分工，而不是混乱地“一窝蜂”干事情，那样不会促进工作推进，相反会让事情变得更复杂。每个人要在分工中做好自己的工作，在这个前提下，再去帮助他人，一起完成团队的工作任务。

拓展阅读

中外名人论团结

只有在集体中，个人才能获得全面发展其才能的手段，也就是说，只有在集体中才可能有个人自由。

——马克思、恩格斯

我们知道个人是微弱的，但是我们也知道整体就是力量。

——马克思

一滴水只有放进大海里才永远不会干涸，一个人只有当他把自己和集体事业融合在一起的时候才能最有力量。

——雷锋

三、团队成长，团队作战共进步

典型案例

团队作战，实现 1+1 > 2

大国工匠年度人物、全国劳动模范、宁波舟山港集团北仑第三集装箱码头有限公司桥吊班大班长竺士杰，通过自身成长经历，精练地指出如何成长为一名大国工匠，即“一名好工匠，要把手头的工作做到极致；而一名大国工匠，还要能够‘团队作战’，带动团队一起创新，并培养、发掘出更多工匠来”。回首竺班长的经历，不难看出，带领一个团队攻克技术难题、推广先进理念，并培养出更多的工匠，将工匠精神传承下去，对于大国工匠本身的成长也十分有价值。

2015 年，成为全国劳动模范后，竺士杰牵头成立“竺士杰创新工作室”，带领团队一同创新，同时也搭建起培养技能人才的平台。

近年来，通过工作室团队共同技术攻关，桥吊司机一次着箱命中率已经从 2016 年的 72.6% 提高到如今的 80.21%，意味着每装卸 1 000 万标准箱就可节约能耗成本 20 多万元。竺士杰还带领工作室协同上海海事大学，打造出“岸桥远控模拟系统”，由桥吊上的 20 个远控摄像头搭建 3D 拟真画面，实现作业功能和培训功能“两位一体”。

“竺士杰创新工作室”成立以来完成创新课题 30 余项，培训出优秀桥吊司机 3 000 余名。

案例分析

成为大国工匠的过程本身，就是在团队协同“作战”、互相学习中实现的。不可否认，每一名技能人才都具有自己独特的本领和能力，都能够在企业生产实践中“独当一面”。但是，在经济全球化和劳动分工不断细化的今天，我们不可能具备完成一项产品生产的全部技艺，因此更需要团队合作。在团队合作中，学习他人的长处，改进自己的短处，从而实现个人和团队的共同发展。

每一名技能人才在其个人成长过程中，都离不开团队成员间的相互学习、共同提高，并以此最终实现个人职业生涯的成长进步。那么，应该如何相互学习共同提高呢？

1. 要有虚心好学的态度

尺有所短，寸有所长。每个人都不可能擅长所有技能、了解全部知识，在个人成长成才的道路上，要本着谦虚的态度，善于发现团队成员的长处，积极主动地向周围的同事学习。此外，也要向大国工匠、劳动模范等先进榜样学习，学习他们精益求精的工作精神，学习他们踏踏实实的工作作风等。总之，应当从周围同事、先进榜样身上不断学习优点，从而实现进步。

2. 要积极参加班组活动

在日常工作中，应当善于利用班组团体活动的优势，积极参加企业中的各种“攻关小组”，如企业的创新团队、技能大师工作室等。这些“攻关小组”集聚了企业生产、研发、管理等不同部门的人才，他们具有丰富的处理一线问题的经验。可以通过“攻关小组”中的研讨、实践等活动，成员之间互相学习，从而实现团队学习力、凝聚力、战斗力的提升，实现个人的成长进步。

3. 相互关心、相互帮助

在团队成员共同学习、一起进步的过程中，还有十分重要的一点，就是要互相关心和帮助，要积极主动地帮助他人。一方面，对同事要满腔热情，及时帮助解决困难。职业生涯的进步，需要不断地提升各方面的能力，而能力的取得和提升，离不开实际问题的解决。通过帮助同事解决困难，可以锻炼提升自己的能力。另一方面，在帮助同事、互帮互助的过程中，要平等对待同事。不要因为自己在某一方面具有优势，在帮助同事的过程中就去“歧视”地对待同事，盛气凌人地“发号施令”。我们要以平等、协商、朋友般的态度，去真诚地帮助同事，共同解决困难，共同进步。

小结与思考

独行快，众行远。企业是由一群具有独特个性和能力的企业员工构成的，在有组织的团结合作中，最终形成了一个具有综合能力的实体组织。这样的组织，之所以能够实现各种目标和任务，是因为每个技能人才在工作中都以无私奉献的精神，积极开展团结合作。独木难支，团队积极协作才能将企业做大做强，从而为每名技能人才的发展打造更大的舞台。

以下问题值得我们探究与思考。

1. 在以后的工作中，你将如何与你的同事共事。

2. 如果企业遇到重大生产问题或技术攻关难题，你将如何对待。

第 3 节 完善解决问题能力

微故事导入

齐嵩宇：和小问题较劲解决大问题

齐嵩宇，全国人大代表、中国第一汽车集团有限公司红旗工厂技术处首席技能大师。在齐嵩宇成长为工厂首席技能大师的过程中，有一段经历让他至今难忘。

2003 年 5 月的一天，在齐嵩宇日常焊接生产中，他操作的点焊工位出现了漏焊，漏焊了 4 个焊接点。因为这 4 个焊接点的漏焊，车间付出了高昂的成本。然而，当时车间已借鉴国际先进经验，在员工的标准化操作中，增加了自检、互检联控、巡检抽查的工作内容。这些增加的工作内容增加了人力物力成本，但是却依然出现了问题。齐嵩宇感觉这不仅仅是单纯的技术和工艺问题，而是一个集工艺、设备和现场管理手段为一体的综合性难题，要综合解决。

他经过仔细观察焊接过程，结合操作的岗位实际情况，经过两个多月的认真思考和资料查找，提出了制作磁感应器件采集焊接时电缆通电产生的环形磁场，进而获得计数所需的信号源的方案，用设备为人的操作把关。功夫不负有心人，通过应用计数原理制作的检测仪器被成功开发出来，在车间重点防漏焊工位进行了推广安装，彻底解决了操作人员的后顾之忧，以此命名的“电子漏焊监控器”就这样诞生了。经过申报，该成果取得了国家实用新型专利，并在 2004 年获得了全国职工技术创新成果奖三等奖。

从此以后，齐嵩宇总是坚持在解决问题中提升能力。他开始频繁出入公司的图书馆和资料室。经过不断学习和问题导向式反思，多项影响焊接质量的技术难关被齐嵩宇攻破，8 项国家专利诞生了。

齐嵩宇的技术发明不仅可以应用在汽车生产工艺的质量监控领域，还可以广泛应用于轨道客车、航空、船舶及压力容器等制造工业领域。这就是工匠精神，把问题解决掉，于平凡中创造伟大，为中国智造保驾护航。

故事分析

没有人生来就会解决所有的问题，但是在成长过程中，很多人逐渐练就了一身解决问题的工作本领。这些人，总是能够运用各种解决问题的机会，来提升自己解决问题的能力。技能人才当中有很多就是解决问题的优秀代表。把问题解决掉，不断提升自己分析和解决问题的能力，是技能人才不断成长，不断增强自身竞争力和价值的有效途径。

问题导入

如何培养自己的问题意识？如何进行有效的复盘总结，提升解决问题的能力？

核心要素

善于发现问题

善于分析问题

善于解决经验

善于总结经验

在整个解决问题的过程，起基础作用的是问题意识，即能够在司空见惯的常态中，发现问题的存在，并通过努力解决问题。

一、善于发现问题

把问题解决掉，首要的是要有问题意识，善于发现问题。

在生产领域参与技术问题研究或攻关项目时，我们总会感觉遇到的问题“似曾相识”，有些熟悉，但又无法客观地描述出这个问题。其实，这就是发现了问题，技能人才必须要在这种“熟悉感”中，练就一双慧眼，清晰明确地定义所遇到的具体问题。

在生产实践中，一般会遇到两类问题。第一类问题是生产工作中出现的具体的必须解决的问题，比如一般的产品质量问题，解决这类问题需要提高职业素质、改善态度和提高技能。第二类问题则是需要进一步提升改进的问题，比如技术革新创新，这类问题需要深入研究，摸清“门道儿”。

这两类问题都需要练就慧眼，发现问题并准确定义问题。在这里，向大家提供一个描述问题的工具——问题描述的 5W2H 框架。

What，什么事物出了问题，是什么问题？

Why，造成这样的结果，是为什么？

When，问题是什么时候发生的？

Where，问题是在哪儿发生的？

Who，谁出了问题？

How，问题是怎么发生的？

How much，多少事物出了问题？问题的程度是怎么样的？数量如何？

对问题描述的 5W2H 框架可以帮助我们比较具体、明确地了解需要解决的问题，也可以为下一步的分析和解决问题奠定基础。

二、善于分析问题

5W2H 框架给出了对问题进行定义和初步的分析的方法。那么，接下来，我们可以对问题做进一步的分析。对问题的分析，本质上是分类并在每个类别下进行深入思考的过程。可以通过查阅相关数据、咨询更有经验的老师傅，甚至自己动手做实验等方式，对问题产生的原因、机理得出更深刻的认识，也能为接下来的问题解决工作积累经验。

在技术攻关中我们遇到的可能是一些在理论界都很有难度的问题，专家也正在“头疼”这个问题怎么办。技能人才的优势就在于直接处于处理“疑难杂症”的第一线，对需要分析解决的问题，有更具体和更丰富的认识，同时也有更多机会通过实践的方式挖掘问题产生的真相。因此，技能人才应该有“舍我其谁”的勇气，运用自己丰富的一线生产实践经验，去分析问题产生的原因，探索更好地解决问题的可能方案。

三、善于解决问题

一把钥匙开一把锁。通过对问题的分析和探索产生问题的原因，可能会获取很多把似乎能够打开锁扣的钥匙。但是，找到唯一那把钥匙，打开锁，解决问题，还需要技能人才有一双巧手。

问题提出来，就是为了要解决掉的。我们不能满足于找到了很多看起来可行的解决问题的方案，就止步于此，而是要勇于去实践这些方案，真正实现问题的解决。

在试验这些方案的时候，我们可能会发现，很多方案都有利于问题的解决，然而我们要去寻找并试验对于解决问题最有效的方案。例如更能够节约时间、节约成本、节约人工，甚至能够带来对现有生产模式“颠覆式”变革的方案。这就需要我们用双手来实践探索。能工巧匠，都是能够运用自己的一双巧手，解决生产实践中的问题，从而实现自身价值的。

四、善于总结经验

总结经验，就是在生产实践和问题解决的基础上进行认识和再认识的工作，就是不断地把感性认识上升到理性认识，不断地使认识升华和发展的工作。毛泽东同志曾经意味深长地说过：“我是靠总结经验吃饭的。以前我们人民解放军打仗，在每个战役后，总来一次总结经验，发扬优点，克服缺点，然后轻装上阵，乘胜前进，从胜利走向胜利，终于建立了中华人民共和国。”作为技能人才，也要从总结经验中获得有价值的收获。在不断解决问题的过程中，养成总结经验的习惯，提升分析总结的能力。

一方面，要善于总结经验。找到在解决问题过程中得到的规律性内容，用于指导实践。并在实践、总结、再实践、再总结中，不断提升综合分析和解决问题的能力。

另一方面，还要学会使用“复盘”的方法。复盘本是围棋术语，指棋手完成一盘棋后，复演该盘棋的记录，以检查对局中招法的优劣与得失关键。工作中我们也要在解决每一个问题后，通过复盘找出得失，不断改进。首先是回顾目标，就是要明确当初解决这个问题的目标是什么。其次是评估结果，就是评估解决方案与目标的匹配度。无论解决方案能否完全解决问题，都要找出其与目标之间的差距，作为接下来重点分析的对象。再次就是分析原因，为什么能超额完成任务或者为什么没能有效达成目标，要做到心中有数。最后是总结规律，对分析出来的本质性规律，进行梳理总结，并且在今后解决相同问题的时候，用已经摸索出来的经验方法指导行动。通过一个完整的复盘过程，提升自己分析和解决问题的能力。

小结与思考

技能人才在生产实践中，会遇到各种各样的问题。因此，需要练就一双慧眼，能够准确地找出问题，并能够借助一定的理论和经验对问题进行有效且深入的分析。技能人才更应当在分析问题的基础上，提出并应用解决方案，将问题有效解决。此外，技能人才也应当对每一次的问题解决进行总结复盘，实现个人问题解决能力的螺旋式上升，从而成长为一名可堪大任、为中国式现代化做出独到贡献的能工巧匠、大国工匠。

以下问题值得我们探究与思考。

1. 找到最近自己工作中遇到的一个问题，试用 5W2H 框架进行问题的定义，并提出解决该问题的有效措施。

2. 今后在工作中如果遇到了“疑难杂症”，你该如何提升自己分析和解决问题的能力。

第4节 提升学习能力

微故事导入

“工人教授”窦铁成

40年，累计写下90余本、200多万字的学习笔记；40年，累计解决现场施工技术难题69项，解决送电运行故障400余次；40年，培养徒弟300多人，电工技师40多人。这就是窦铁成的40年，他从一个只有初中文化程度的普通工人，成长为众人眼中的“工人教授”。这是窦铁成朴素的人生经历，更是他作为当代产业工人的不凡历程。

“一个人可以没有文凭，但不能没有知识和技能”。1979年，23岁的窦铁成通过招工考试，成为中铁一局电务处的一名电力工人。1980年，窦铁成凭借优异的成绩，进入中铁一局电力培训班。他牢牢抓住这来之不易的学习机会，每天最早一个到教室，最后一个离开教室。7个月的培训结束时，他取得了电力内外线考试的最高分。

“吃了这行饭，就一定要把这行干好!”1983年，在京秦铁路沱子头变电所施工时，因为工班没有配备技术员，工长鼓励队伍中技术知识储备最丰厚的窦铁成勇敢尝试。初担重任，面对近5指厚的各种图纸，窦铁成深知自己的知识储备根本无法应对。但倔强的他给自己打气：“再难的知识，只要一点点啃，一点点琢磨、分析，总能悟出个道道来。”于是，窦铁成白天干活，晚上对照专业书籍，一张张图纸、一条条线路、一个个节点地分析解读，设备如何安置、电缆怎么走。工程期间，他把各类不同技术图纸齐齐地画了一遍。最后，工程不仅顺利完工，还获得了国家优质工程银质奖。

2011年，窦铁成技能大师工作室成立。依托这个平台，窦铁成带领技术攻关小组，先后研发了疏散平台测量小车、刚性悬挂接触网垂直向上钻孔平台等多项科技成果，累计获得国家高新技术企业认证两项、各类专利

42 项，获奖科研项目 48 项。

在 40 多年的一线工作中，窦铁成始终坚持学习。在回顾自己这 40 年的工作时，窦铁成深情说道“自己就是个工人，只有在火热的施工现场，才能发挥自己的特长，只有把所学知识奉献社会，人生才有价值。”

故事分析

技能人才的成长成才过程离不开学习。回顾大国工匠的成长经历，他们中有很多人其实起点都不高，有的是初中学历，有的是技校毕业，但无一例外的是，他们都通过不断的学习，最终走向了自己职业的辉煌。学校教给我们的知识是有限的，我们要在工作中不断地学习，只有这样才能在未来多变的职业环境中立足，获得成功。

问题导入

技能人才在成长道路上，应如何进行学习？又如何实现终身学习？

核心要素

掌握学习的路径方法

树立终身学习的理念

一、掌握学习的路径方法

技能人才需要处理大量的生产实践中的问题，而这些丰富的、精彩的实践问题，也为技能人才探索符合自己的学习路径提供了机会。

1. 要从生产实践中学习

毋庸置疑，日常生产实践活动蕴含着丰富、大量的知识，为技能人才成长成才奠定了基础。技能人才要重视日常工作任务的完成，在实践中总结发现、分析和解决问题的方法以及如何总结提高的方法。

2. 要从书本理论中学习

从书本中学习是学习理论知识的一个最主要的路径方法。因此，技能人才在建立个人学习路径的时候，也要注重对相关生产理论、技术技能书籍的学习，从书本中汲取他人的经验。

3. 善于利用各种形式学习

互联网技术为技能人才的学习提供了更广阔的空间。例如，技能人才可以通过学习网站的手机和计算机客户端进行学习，或借助微信、QQ 等即时通信软件提供的丰富多样的课程，进行随时随地的学习。另外，中央电视台等主流媒体也经常会播出一些关于大国工匠、能工巧匠等的报道，技能人才可以通过收听收看相关栏目进行学习。

4. 要带着问题学以致用

学习不是泛泛而学，而是要带着问题、聚焦解决问题而学习。具有强烈学习动机去学习的时候，往往是在生产过程中遇到了问题，急需解决的时刻。这个时候，是学习最好的时机，也是最有效的时候。因为此时此刻的学习，是奔着解决问题而进行的，学习目标明确且具体。通过学以致用，解决了自己的问题，收到了正向反馈，也更能激发学习热情。

在实践中学习、向书本学习、线上线下结合学习、带着问题学习，都是有效的学习方法，但是最重要的是，通过以上方法所进行的学习一定要以解决实践问题为导向，这样的学习才是有价值和有意义的。

拓展阅读

学习和记忆的方法

首先，将复杂系统的技能和知识分解成难度适宜的多个小部分。技能人才由于平时工作量大，没有大把的集中空闲时间；加之是成年人，记忆力不像少年时期那么好，因此可以把想要学习的技能、理解的理论，分成更小的单位，能够确保有适当的时间和精力，完成小单位目标的学习。

其次，是对于单个步骤的技能或知识不断进行练习、记忆和运用，实现肌肉记忆和刺激反应。肌肉记忆和刺激反应可以理解为，遇到需要使用技能、知识的时候，不会再进行理性的分析判断，而能够直接通过生物本能来完成操作或解决问题。技能人才要勤学苦练，将他人的、书本的技能和知识，转化为自己的能力。

最后，是将小单位重组成单位，在更高一个单位层次上进行练习；直到把整个技能、理论融合成一个单位的技能、知识。即从第一步逐层分解，到最后一步层层归拢，在每一个小层次上，技能人才反复练习使用，不断发现不足和缺点并改正。通过这样的层层迭代，最终实现技能和理论的习得。

5. 处理好工作和学习的关系

技能人才在学习过程中，还需要处理好工作和学习的关系。工作关系到个人基本生存条件的保证，而学习却与个人成长发展有千丝万缕的联系。

一方面，技能人才应当重视工作和学习对个人价值提升的重要作用。不能只重视工作而忽略学习，那样就仅仅是为了完成千篇一律的工作而陷入具体的工作流程中，无法体会到工作本来应具有的价值和乐趣。此外，也不能走向另一个极端，只重视学习而忽略工作，那样就会陷入“不接地气”的“之乎者也”当中，于实际无益。

另一方面，技能人才要构建和把握住工作和学习间的联系。要通过生产实践等，发现个人日常工作中存在的短板和不足，然后通过学习，来弥补自己的弱点；而在学习中，要以生产实践中的问题为导向，以解决具体实际问题为目的，从而实现个人的成长和职业的发展。

拓展阅读

处理好学习中的几个关系

一是处理好目标导向与问题导向间的关系。技能人才在学习中，应当明确学习何种本领。目标明确，才能把好个人发展方向；问题明晰，才能增强学习时的针对性和实效性。此外，要以问题为切入点，以目标为落脚点，坚持目标导向与问题导向有机统一，通过踏踏实实的学习，取得学习实效，实现成长。

二是处理好学习内容与学习形式的关系。技能人才掌握学习的路径和方法，既要解决好“学什么”的问题；又要解决好“怎样学”的问题，根据个人性格特点、发展经历，采取切实可行的学习方式；不但“知己”，设计实现个人发展的“自选动作”，还要“知彼”，明确学习内容和学习规律，才能“百战百胜”，实现个人学习目标。

三是处理好学习进度与学习质量的关系。技能人才面临繁复的生产任务，不仅需要平衡工作和家庭的关系，还要保证学习的质量，因此必须统筹安排，坚持学习进度服从学习质量，拿出足够多的时间和精力推进，确保学习效果。

四是处理好外加压力与激发内力的关系。技能人才要搞好学习，既要强化组织推动，又要强化个人主动。把外加压力与激发内力结合起来，化压力为动力，变“要我学”为“我要学”，切实增强学习效果，确保个人成长，实现真正发展。

二、树立终身学习的理念

人的职业生涯是一个漫长的过程，学无止境。作为新时代合格的技能人才，要树立终身学习的理念，活到老、学到老。有项调查表明，高技能人才、技能大师们的学历起点并不高，但却都有突出的学习发展能力，有着强烈的自我学习意识、习惯和能力，这是他们成功的关键。

1. 通过学习，不断提高本领

我们已有的一些知识，特别是从学校习得的知识，可能仅仅是基础性的知识，远远达不到能够理性认识生产中的宏观和微观信息的程度，无法解决更多和更深层次的问题。必须通过不断学习，才能够形成系统化的知识逻辑，从而对某一专业某一方面的知识有更加系统的认识，进而能够系统化地思考生产实践，理性地认识未来发展的趋向，为理解未来工作打好基础。

2. 通过学习，避免技能的“固化”

每一名技能人才，都是产品价值生产链上的“熟手”，能够自发地运用已经习得的技能去操作机器、修正参数、生产精品。然而，科学技术的发展，产品的更新换代却以超乎寻常的速度在进行。可能昨天还是主流的操作技能，今天就被淘汰了。因此，技能人才必须通过不断学习，才能够迭代、发展自己的操作技能，适应技术进步的要求。

3. 通过学习，补齐知识短板

技能人才要在技能成才的路上行稳致远，就要通过学习补齐自身短板，特别要注重现代科学文化知识的学习，因为科学文化知识是生产技能的基础。要真正提高技能，不但要熟练掌握操作的方式方法，还要明白操作方法背后的“门道”，把握更深刻的规律。特别是在新技术革命条件下，知识和技能是分不开的，简单靠经验的传统手工艺劳动越来越少，很多新技能都和现代科技知识密不可分。没有深厚的科技文化知识，就无法适应新的时代。因此，技能人才一定要克服简单的“凭技能吃饭”的想法，在学习科学文化知识方面狠下功夫。

我们正处于百年未有之大变局，建成社会主义现代化强国，实现中华民族的伟大复兴，需要推动人才强国战略的贯彻实施，需要提升劳动者素质和人力资源开发水平。党的二十大报告指出，要“建设全民终身学习的学习型社会、学习型大国”“健全终身职业技能培训制度”。在人人皆学、处处能学、时时可学的社会中，技能人才作为时代的中坚力量，更要树立终身学习理念，践行终身学习理念。从普通技能劳动者成长为能工巧匠、大国工匠的过程，就是劳动者用其一生追求思想的提升和技艺的精进的过程。技能人才要从解决问题的实践中学习，从与他人的合作中学习，不断学习技艺技能、学习科学文化知识，持续学习、终身学习，始终在学习进步的路上勇毅前行。

拓展阅读 践行终身学习理念，构建终身职业技能培训制度

2018 年 5 月，《国务院关于推行终身职业技能培训制度的意见》（以下简称“《意见》”）印发。《意见》指出，要建立并推行覆盖城乡全体劳动者、贯穿劳动者学习工作终身、适应就业创业和人才成长需要以及经济社会发展需求的终身职业技能培训制度，实现培训对象普惠化、培训资源市场化、培训载体多元化、培训方式多样化、培训管理规范化，大规模开展高质量的职业技能培训，力争2020年后基本满足劳动者培训需要，努力培养造就规模宏大的高技能人才队伍和数以亿计的高素质劳动者。

《意见》的一大特色和亮点，就是两个字——“终身”。怎么来体现这个“终身”?《意见》中有这样一段话：“覆盖城乡全体劳动者，贯穿劳动者学习工作终身，适应就业创业和人才成长需要以及经济社会发展需求”。

“终身”主要体现在以下 4 个方面。一是培训对象覆盖全体劳动者，包括就业人员和准备就业创业的人员在内。二是培训补贴覆盖劳动者终身职业生涯，从劳动预备开始，到劳动者实现就业创业并贯穿学习和职业生涯全过程，都有机会享受政府职业技能培训补贴。这是终身职业技能培训制度的核心所在。三是技能评价激励活动覆盖劳动者培训就业全过程，提出建立技能人才多元评价机制、技能提升多渠道激励机制，使培训、就业、评价、使用有机衔接。四是提供全方位服务保障，以公共实训机构、职业院校、职业培训机构和行业企业为主要载体，提供全方位职业技能培训服务，加强职业技能培训基础能力建设，强化组织领导、资金投入等措施，切实保障劳动者培训权益。总而言之，将大力倡导劳动者终身培训的理念，使我国发展实现从“人口红利”向“人才红利”转变。

小结与思考

技能人才在生产实践中，会遇到各种各样的问题。此时，技能人才需要更新自己对问题的认知，将其看成搭建个人学习路径的“垫脚石”，予以解决。也正是在这种不断学习的过程中，技能人才践行了终身学习的理念，不断打磨、提升自己的能力，逐步成长为能工巧匠、大国工匠，成为最美奋斗者，为中国式现代化做出贡献。

以下问题值得我们探究与思考。

1. 以最近生产中遇到的实际问题为例，阐述你是如何在解决这个问题的过程中进行学习的。

2. 请给自己制定一个人生规划，如何通过践行终身学习理念，成为一名能工巧匠、大国工匠？

第5章 一丝不苟地把我的工作做好

第1节 产品见人品

微故事导入

“做汽车如做人”——人品决定产品，产品反映人品

小李是一名新能源汽车技术专业的学生。大学毕业后，进入了一家新能源汽车企业从事整车装配工作。车间给他安排了两位指导师傅——王工和张工，但两位师傅的不同风格常让小李感到困惑：到底该听谁的呢？

由于装配多为机械重复性工作，王工经常私下向小李抱怨工作单调乏味、工作环境差，有时候焊接零部件马马虎虎，别人提醒他，他还满不在乎地说：“这车又不是给我开，就发这点工资，都攒不够钱买辆汽车，这么认真干吗？”而与王工相反，张工每天都是第一个来上班，即使一天8小时重复相同的动作，也丝毫不懈怠，下班后把工具收拾得整整齐齐，还经常利用业余时间钻研汽车维修技术。他经常跟小李说：“做汽车就跟做人一样，容不得半点马虎，哪怕是一个小小的零部件，也关系到开车人的生命啊！”没过多久，企业质检部门就发现汽车频繁出现点火开关损坏、内饰脱落等问题，要求装配部门返工。经检查，这些问题车辆都是王工经手装配的。因质量问题多次造成工期延误，王工被企业辞退。而张工因装配合格率高、效率高，被提拔为装配车间组长，企业还请张工给员工开展了“质量意识”专题讲座。讲座中，张工语重心长地告诉工友们：“每一名汽车人都担负着重大责任，人品决定产品，产品反映人品！”台下的小李听后，想想两位师傅的境遇，终于不再迷茫，下定决心：一定要向张工学习！

故事分析

小李从最初的困惑到最后坚定决心向张工学习，主要归功于张工对产品质量的执着精神。对企业来说，质量是其经营成果的外在反映；对个人来说，质量是员工职业素质的重要体现。在提倡全面质量管理的今天，每位员工都应当具备质量意识，对内践行企业质量规范，对外代表企业质量形象。

问题导入

什么是质量意识？为什么说“人品决定产品，产品反映人品”？

核心要素

客户意识

品牌意识

危机意识

质量意识的重要性

一、质量意识的内涵

百年大计，质量为本。近年来，随着经济高速发展，世界见证了“中国产品”向“中国品牌”的转变、“中国速度”向“中国质量”的转变，越来越多的中国“老字号”以其磐石品质为“中国制造”赋予了新的时代内涵。但我们还应清醒地认识到，虽然我国已成为当之无愧的制造大国，但在质量标准、科技创新、研发投入等方面，与全球“制造强国”之间仍存在差距。正因如此，二十大报告中将“经济高质量发展取得新突破，科技自立自强能力显著提升”作为未来五年的主要目标任务之一。可见，质量提升是我国从“制造大国”向“制造强国”转型的必然要求，是增强企业全球竞争力的必然趋势。

企业产品质量的提升离不开员工质量意识的培养。俗话说“细节见人品，小事见人心”。对企业中每一位生产者来说，产品质量是其道德水准及敬业精神最直观的反映。产品的每一个质量细节都彰显着员工的专业水平、技术能力和责任意识，体现其对职业的敬畏和尊重。因此，企业上至领导决策层，下至每一位员工，都是企业的一张“质量名片”，质量意识决定生产行为，生产行为决定产品品质。

一般来说，质量意识的核心要素包括以下 3 个方面。

1. 客户意识

有句俗语叫“客户至上”，反映出客户是产品质量的最终检验者。客户意识体现了企业员工对客户满意度的重视程度。这就要求员工在生产产品、提供服务时能够“换位思考”，立足于客户需求，为客户提供高质量产品及周到的服务，增强客户的认同感，让客户获得超值感受。每位生产者面对产品时，都应该先思考：“如果我是消费者，我会购买自己生产的产品吗？它符合我的需求吗？”只有处处以客户感受为先，才会有创新产品形式、改进产品质量的动力。

典型案例

从营业员“焊”成全国劳模
——首饰焊接的“指尖舞者”杨秀娟

“就知道找你准没错，还是你这解决得又快又好！”几分钟前还在为断掉的项链发愁的顾客李女士，看着杨秀娟只用不到 10 秒就把首饰焊接完毕，对她精湛的手艺赞不绝口。这样的场景已成为杨秀娟品牌工作室的日常。谁能想到，这样一位首饰焊接领域的“全国劳动模范”，最初只是一名普通的营业员呢？

苦练技能，只为解顾客难题

1996 年，刚入职的杨秀娟还是一名黄金珠宝首饰专柜的营业员。她“转行”源于顾客的两件小事：一是一位顾客看中了一条 100 克的项链，但最终因太长无法截短而使这笔交易流失；二是一位老阿姨拿着坏掉的项链钩来寻求帮助，最终因无人能修复失望而归。受到触动的杨秀娟萌发了自己维修焊接首饰的想法。但当时全国焊接首饰的师傅 90% 以上都是男性，许多同事担心她是否能学成。为了更好地服务顾客，杨秀娟顶住压力，利用业余时间不断学习珠宝首饰相关知识，潜心研究金银首饰的清洗、抛光、焊接等方面的知识和技巧，忍着双手磨破开裂的疼痛每天反复练习。功夫不负有心人，她自创并练就了黄金熔点短时焊接的绝技，填补了行业首饰维修空白，并先后获得全国商业服务业先进个人、全国劳动模范等荣誉称号。2010 年她创立的“无痕焊接”被命名为全国服务品牌。

热情服务，用真心换顾客美誉

2012 年“杨秀娟品牌工作室”成立了，组建了一支“焊接巧手”售后服务团队。随着品牌的逐渐响亮，工作室每年提供的首饰抛光、维修保养类的免费服务高达 2 000 多件，收到热线咨询电话千余次。一天，一位女顾客专程从河北慕名而来，拿出一枚在国外购买的价值 50 多万的群镶 7 粒大颗钻的钻戒，希望杨秀娟把圈口加大。此前顾客已经咨询多个维修点，要么就是技术达不到，要么就是以风险太大为由拒绝。看着顾客焦急的神情，杨秀娟考虑再三，决心一试。她足足用了一个半小时，后背和手心早已湿透。当她把扩好圈口的钻戒完美呈现在顾客面前时，顾客惊喜地称赞道："真是达到了国际水准，真牛！"自此，这位客户就成了她的好朋友，多次向亲戚朋友推荐她的手艺。同时她"焊接巧手"的美名不胫而走，其工作室也先后荣获山东省劳模创新工作室、全国财贸轻纺烟草行业劳模创新工作室等称号，成为珠宝首饰行业售后服务的一面旗帜。

案例分析

从一名普通的柜台营业员到顾客心中的王牌首饰焊接专家，杨秀娟不仅为客户"转行"，敢于挑战全新的技术领域，而且在荣誉加身后不忘初心，不断用自己的热情服务、精湛技能打动着每一名顾客。从接受咨询、解惑答疑的"导购员"，到首饰问题的"修理师"，她与很多顾客成了朋友。不仅如此，身为品牌工作室的带头人，杨秀娟十分注重技艺与服务理念的传承，与徒弟们一同研究珠宝设计、焊接最新工艺，一同为顾客提供更加专业的服务。从杨秀娟身上，我们可以看出她"质量第一、客户为尊"的理念。

2. 品牌意识

在购买同类商品时，你是否有先看知名品牌的习惯呢？在产品同质化的今天，优质的品牌是一个企业的生命力和竞争力所在。一个企业要想做大做强，必须要有自己的品牌。而要打响品牌知名度和美誉度，高质量的产品就是最好的"代言人"。

对品牌意识的理解又可以拆分为"三品"——"品质、品格、品味"。其中，品质为首，是品牌的保障，优秀的品牌必须以高质量产品为载体，先有品质，才能树立品牌；品格是品牌意义的延伸，产品的竞争最终是人品的竞争，员工高尚的品格是成就产品品质的重要保证；品味是品牌形象的展示，反映出企业及员工更深层次的格调与追求。可见，企业的每一位员工都是品牌的创造者、经营者，每一件产品都关系着企业品牌的口碑。试想，如果自己都不认可企业品牌的价值，不愿意为品牌建设出力，那又如何能让消费者为产品买单呢？因此，每一位员工都是企业品牌的重要“齿轮”，只有充分理解并积极践行公司品牌理念，才能与企业价值观融为一体，规范个人行为，提升产品及服务质量，从而维护企业的品牌形象。

3. 危机意识

海尔集团创始人张瑞敏先生曾说过：“永远战战兢兢，永远如履薄冰”，说的就是企业要时刻心怀危机意识。“危机意识”即“居安思危”，警示企业员工在激烈的市场竞争中，应认识到质量是企业的生命。面临激烈的市场竞争，新产品层出不穷，没有哪个企业会是“常青树”。无论当前多么辉煌，产品多么畅销，如果不能持续地改善、提高自身产品质量，就会被市场无情地淘汰。

为何市面上很多新兴产品总是“昙花一现”？归根结底还是由于一些生产者无视产品质量，只看到短期利益，认为只要有足够新颖的营销手段，就能够快速吸引大批顾客，靠着一些营销噱头“赚快钱”，以为只要有热度就有销量，不愿意沉下心来打磨产品品质。这种“今朝有酒今朝醉”的想法无异于饮鸩止渴，最终导致自己的“作品”无人问津。因此，只有常怀危机意识，反思自身质量水平与同行先进企业之间的差距，并不断实施改进，才能真正意义上增强质量意识，增强提升质量的紧迫感。

二、产品见人品——质量意识的重要性

一个具有良好口碑的企业，会视用户为家人；一个具有良好职业素质的员工，会视产品如生命。一方面，人品决定产品。一个偷工减料、偷奸耍滑，只关注眼前蝇头小利，只想“赚快钱”的人，怎么会生产出优质的产品呢？而一个心系顾客、精益求精、具备长远眼光、品德高尚的人，首先想到的是“这个产品符合安全标准吗？耐用吗？消费者会喜欢吗？”，在工作中也会倾注热情，产出的产品自然质量上乘。另一方面，产品也能折射出生产者的人品。一个企业的员工是否勤奋、诚信，在产品质量上一目了然。质量低劣的产品不仅会影响用户的使用体验，甚至会危及消费者的健康及

生命。可见，产品是企业生存的核心，而产品又是由人生产出来的，归根结底，产品反映企业的形象，人品决定企业的命运。

典型案例

“我必须用良心做产品”
——一位新型农民的“绿色”情怀

“我种地跟人家不一样，不追求产量多高，就是想着让大家吃上放心的桃子，吃上放心的鸡蛋。不追求高产，追求优质，照样能赚钱。”2021年3月，河南商丘市首届“十佳农民”获奖者冯魁忠捧着奖杯和红彤彤的荣誉证书，自豪地向记者讲起了他种桃养鸡的心路历程。

党的十八大以来，中央出台了一系列针对农民创业的优惠政策。一次偶然的机会，冯魁忠了解到绿色无公害优质水果市场前景广阔，于是他毅然带上打工积累的全部积蓄，回乡创业。冯魁忠先是流转了周围村庄400多亩土地，开始种植桃、苹果和石榴，他坚持不上一粒化学肥料、不打一滴农药，每亩投资几百元。第三年盛果期，水果含糖量高，香甜可口，可由于价格太高，他的桃在市场上吃了“闭门羹”，4年赔了400多万。即使如此，冯魁忠也没有降低对品质的要求，他调整思路，先从水蜜桃开始搞小面积种植。他坚持买最好的桃树苗，天天吃住在地里，像呵护婴儿一样管理果园。功夫不负有心人，随着生活水平的提高，消费者越来越追求绿色、安全的食品，而他的桃不仅个大口感好，还安全无污染，在市场上备受青睐，终于让冯魁忠收获了不菲回报。

收获了第一桶金的冯魁忠并没有停下脚步。到了冬天，一向闲不住的他又开启了养鸡事业。他认为，农民是农产品第一道“把关人”，当前温饱早已不是问题，不能再一味追求高产，而是要让百姓吃得更健康、更安全。因此，他仍坚持有机农业理念，买最优质的鸡苗，给鸡喂灵芝、大枣、枸杞、陈皮、大蒜、花椒等符合检验标准的中药材，这种高营养的

"放心鸡蛋"同样在网上供不应求。

冯魁忠是个有心人，时刻心系国家农业发展。2021 年《中共中央 国务院关于全面推进乡村振兴加快农业农村现代化的意见》提出的"推进农业绿色发展"让冯魁忠深受启发，他表示："国家的命运就是我们每个人的命运。国家提倡什么，就是我下一步要投入的方向！作为一个新时代的农民，我必须用良心做产品，只有人做对了，生产出的农产品才对！"

案例分析

习近平总书记在河南等地考察时多次强调，要努力实现经济发展、农民增收、生态良好。冯魁忠以实际行动践行了"绿色农业"的理念。不以牺牲质量换取数量，宁可前期多投入、多付出，也不让农产品的质量打折扣，冯魁忠以自己的勤劳、朴实、诚信守住了一个新型农民的初心。

习近平总书记在党的二十大报告中多次提到"贯彻新发展理念，着力推进高质量发展"，强调"加快建设制造强国、质量强国、航天强国、交通强国、网络强国、数字中国"。特别是"质量强国"理念的提出，意味着我国经济已经进入从"量"到"质"的新常态。面对激烈的国际竞争，只有不断提升产品质量，提升本土品牌信誉，才能助力制造业焕发新的生机活力。企业发展，质量为先，作为企业一颗重要的"螺丝钉"，你是否已做好进入"质量赛道"的准备了呢？

小结与思考

《礼记》中有言："德者，得也"，无德之商无以成业。要成大事、创大业、做品牌，还要靠高尚的人品做支撑。每一位员工在工作时，都应居安思危，树立"质量第一"的理念，用良心做产品，以口碑树品牌。

以下问题值得我们探究与思考。

1. 你是如何理解"产品如人品"这句话的？

2. 找一个你所使用的高质量的产品，上网查阅产品品牌背后的故事。

第 2 节 如何保证我的工作质量

微故事导入

人人都有机会成为大国工匠

“小李，昨晚看节目了吗?”“看啦看啦，太振奋了!”早上刚一上班，小李就迫不及待地和师傅张工聊起了昨晚中央电视台播出的《大国工匠·匠心报国》节目。自从企业请张工开展了“质量意识”专题讲座之后，小李便成了他的铁杆“粉丝”，经常跟他学技术、学质量把控。有时看小李下班无所事事，张工便建议:“与其刷手机，不如去看看咱们国家一些劳模、技术能手的节目和报道，看看他们是怎么成长的。”自此，小李迷上了这些大国工匠的故事。“五一”劳动节前夕，中央电视台播出第九季《大国工匠·匠心报国》节目，小李每晚必看。他对张工感叹:“我最佩服神舟飞船总装班组组长张舸，就安装 γ 放射源一个细节，他苦练了 8 年，还是全凭手感盲操作，每颗螺钉拧紧力矩都要保持一致。飞船发射前一周，每天在舱外重复 50 次，直到动作完全符合要求才进入到舱内，用模拟源进行操作。工作中每一个细节都能做到如此完美，我等新人望尘莫及啊!”张工听了哈哈大笑，鼓励小李:“那可不一定。只要肯吃苦，肯付出，人人都有机会成为大国工匠!不过，既要仰望星空也要脚踏实地，不妨先从咱公司的质量工匠做起吧!”

故事分析

工匠精神在历史的长河中经历了千百年洗礼，包罗万象，历久弥新。无论是载人航天工程取得的辉煌成就，还是公路、铁路等基建工程的设计实施，都离不开工匠精神的传承与发扬。无数技术工人在一个个普通的岗位上践行着他们平凡而伟大的匠心，他们的精益、专注、敬业激励着每个人砥砺奋进。

问题导入

如何从自身工作入手，做公司的质量工匠？

核心要素

精益求精

严守标准

专注质量

一、精益求精，关注质量细节

习近平总书记在与劳动者的座谈中多次提到，广大劳动群众要立足本职岗位诚实劳动，无论从事什么劳动，都要干一行、爱一行、钻一行。“在工厂车间，就要弘扬‘工匠精神’，精心打磨每一个零部件，生产优质的产品。在田间地头，就要精心耕作，努力赢得丰收。”古往今来，无数技能超群的劳动者，以匠人之心，行匠人之事，或打造着大国重器或奋斗于重点工程。他们用一丝不苟、精益求精的精神，书写着从业者对每件产品、每道工序都凝神聚力、追求极致的职业品质。

典型案例

东方“女焊神”孙景南
——焊花点亮人生

车间里，穿上防护服、戴上头盔的她熟练地拿起焊枪，眼神坚定，下手稳准。四射的火花令人望而生畏，然而，在她眼中，焊花像烟火一样绚烂。她就是被誉为东方“女焊神”的中国中车股份有限公司（简称“中国中车”）首席技能专家——孙景南。

从业 30 多年，孙景南的耀眼“战绩”数不胜数：成功攻克 18 毫米铝合金窄间隙焊接极限难题；独创铝合金槽焊摇摆焊接操作法，解决了槽焊缝根部熔深不达标的技术难题；采用 0.8 毫米直径不锈钢焊丝，提炼不锈钢超薄板 MAG 焊异型接头先进操作法，成功解决 0.8 毫米不锈钢超薄世界焊接难题，产品合格率达 100%，在国际项目上全面推广……上海明珠线列车、南京地铁 1 号线首列列车、城际动车等轨道车辆她都焊接过，甚至在马来西亚、印度等国家，也穿梭着她焊接过的车辆。

让孙景南“一战成名”的还当属 2000 年在法国阿尔斯通公司深造期间的焊接任务。第一天“考官”就给出了一个高难度的铝合金侧墙焊接任务，由于材料十分“娇贵”，稍有不慎就容易出现焊穿、气孔等缺陷，法国工人怕焊穿决定放弃。“让我来，我能焊好。”孙景南拿起焊枪，就来了一次漂亮的作业，让法国工人大为惊叹。在后续项目执行中，只要遇到问题，外方专家都会直呼：“Madam Sun，这只有你能焊！”以至于外方质检专家都说：凡是孙景南做出来的产品均为免检产品！

在焊工职业中，孙景南靠着三十载风雨无阻刻苦钻研、精益求精，闯出了一片自己的天地。工作期间，她先后获得全国劳动模范、全国五一劳动奖章、全国三八红旗手等诸多荣誉，成为中国中车首席技能专家、国家级技能大师工作室带头人。2012 年，公司成立了孙景南劳模创新工作室，工作室共完成 80 多项技术攻关课题，成为焊工们攻克难关、技术研发的孵化器。

案例分析

巾帼“焊将”孙景南以她精湛的技艺，向世人展现了一颗焊接人精益求精的匠心。即使电焊工作又苦又累，她仍凭着一股韧劲咬牙坚持。上班时在高温的车间里埋头苦干，下班后还拿边角料练习技术，从车间离开时衣服上都能挤出水来。飞溅的焊花溅伤了她的手，甚至烧煳了她的防护服，但她毅然用伤痕和汗水换来了高超的焊接技术和国内外称赞的优质产品。

2022 年 10 月，中共中央办公厅、国务院办公厅印发的《关于加强新时代高技能人才队伍建设的意见》中将“大力弘扬劳模精神、劳动精神、工匠精神”作为全面实施“技能中国行动”的重要抓手，将“注重工匠精神培育和职业道德养成”纳入技能人才评价体系，对技能人才提出“爱党报国、敬业奉献、技艺精湛、素质优良”等具体要求，进一步丰富了工匠精神的内涵。从孙景南的故事可以看出，工匠精神并非遥不可及，无论在什么样的岗位上，只要能耐得住寂寞，守得住初心，不断汲取先进技术理论，勤奋练习，勇于突破，每个人都有机会成为大国工匠。

1. 尽职尽责，敬业奉献

弘扬工匠精神，最重要的是在工作中秉持精益求精的态度，尽职尽责，敬业奉献。例如党的二十大代表、中国中车株洲车辆有限公司高级技师易冉，作为一名电焊工高级技师，推动了公司“精益 + 数字化”制造技术的升级，被誉为“中国电焊花木兰”。这些大国工匠之所以备受瞩目，就在于工作对于他们来说不仅仅是谋生的方式，更是一种信念，精益求精的价值观已经铭刻于心，外化于行，帮助他们实现从“工”到“匠”的蜕变升华。

2. 掌握理论，终身学习

要铸就高品质，前提是必须熟练掌握岗位相关前沿理论知识，能深刻把握行业的动向与发展趋势，能从技术层面实现质量优化，即“术业有专攻”。习近平总书记在同全国劳动模范座谈时多次提到的“蓝领专家”孔祥瑞便是很好的榜样。从一个只有初中学历的天津港码头工人到设备故障维修专家、全国劳动模范，孔祥瑞将工作岗位当成课堂，坚持技术革新，成为人人敬佩的知识型产业工人。优秀的技能人才必须具备终身学习的理念，正如孔祥瑞所言："可以没有文凭，但不能没有知识。"只有提升科学技术水平，促进学习成果积累转化，才能不断精进技能；只有在全社会营造尊重知识、尊重人才的良好氛围，才能为建设全民终身学习的学习型社会、学习型大国奠定坚实的基础。

3. 用心观察，积极实践

俗话说"熟能生巧"，要想提高生产效率，提升产品品质，离不开日复一日地技艺磨炼。例如获得浙江省劳动模范称号的"90 后"青年工人杨杰，为提高设备检修合格率，把别人休闲娱乐的时间都用来打磨技艺，每天下班后都仔细揣摩师傅的每一个动作、每一个细节，对照图纸反复琢磨、反复研究，多次获得技术能手、首席技师等荣誉称号。可见，只有积累丰富的实战经验，才能不断提升产品合格率，在实践中锤炼出卓越品质。

二、诚信慎独，严守质量标准

"慎独"在我国传统文化中被视为个人道德水平的最高境界，指的是无论是否有人监督，都应自觉遵守规则，无愧于心。慎独的精神在生产产品的过程中尤为重要。有些员工在有人监督时尚能按标准行事，一旦脱离监督，就凭借自己的"小聪明"，放松质量要求，图省力、省事，感觉"差不多就行"。殊不知"千里之堤毁于蚁穴"，只凭这种"差不多"思想，绝对不可能产出高质量的产品。

质量工作的关键在于慎独，也在于执行企业的规章制度、生产规程、质量管理规定等。要使产品符合标准，保证质量，就必须严格按照规程去操作执行。每一名员工都应当从以下两方面做到慎独。

1. 严守工作岗位规范

在一些高端机器设备组装时，要求拧螺丝要严格执行"进三圈再退回半圈"的操作规程，通过"一进一退"使螺丝能持续承受高强度压力。而有些工人在执行时自作聪明，觉得退回半圈太麻烦了，直接拧两圈半。这样偷懒的结果短时间内看不出差别，但时间一长，半圈的差异就显现出来了。少了半圈的产品故障率和返修率明显高于正常产品。可见，每一位员工在上岗前都必须认真学习岗位质量规范，并一丝不苟地严格执行，每道工序都容不得半点马虎。

2. 严守产品质量标准

产品必须达到并且超过行业标准、国家标准和国际标准；还必须符合企业质检、验收规定，严格遵守用料要求。例如，中药行业的老字号同仁堂之所以经久不衰，主要原因在于对药材的选用始终坚持“地道”二字，“处方规定用 16 头人参，就决不能用 32 头人参取代。”即使用料再苛刻，工序再繁复，也丝毫不打折扣，这就是“品味虽贵必不敢减物力”的魅力所在。

拓展阅读

听大国工匠谈质量标准

我们干一项工程，就要立一座丰碑。

——刘中华，2022 年全国五一劳动奖章获得者，中国建筑第五工程局有限公司武汉分公司荆门片区经理

车工就像艺术家一样，没有最好，只有更好。眼到、手到、心到，自己加工出的产品才有生命和活力。

——刘平，全国技术能手，重庆川仪调节阀有限公司首席技师，国务院“政府特殊津贴”获得者

我们航天的质量理念是“质量是政治、质量是生命、质量是效益”，从拿起焊枪到现在，我一直坚持质量至上，诚信做事、诚实做人。

——高凤林，中国航天科技集团有限公司第一研究院首都航天机械有限公司特种熔融焊接工、高级技师

三、提升质量专注度

北宋著名科学家沈括曾有言：“人之于学，不专则不能，虽百工其业至微，犹不可相兼而善，况君子之道也。”意思是说学习不专一就不能进步，即使像手工技艺这样极小的事也很难熟练地兼做几项，更何况是做学问呢？其实，做产品跟做学问一样，也

需要执着、专注的品质。中华民族的历史文化长河中，无数手工业者将对“技道合一”的追求倾注于一件件作品中，不断雕琢作品、改善工艺，享受自身技艺升华的过程，并将毕生精力奉献于所从事的领域，才诞生了鲁班、李春这样的工匠大师。时至今日，无数从业者不忘初心，将对品质的执着代代传承，历久弥新，以过硬的产品品质，彰显着匠人之心，民族之魂。

自古以来，为了将产品品质做到极致，许多手工业者坚持“一生只做一件事”。即使现在传统手工工艺逐渐被机器所代替，仍不乏愿意“十年磨一剑”的匠人，他们耐得住寂寞，只为坚守对细节和精度的执着。他们以技艺精湛的产品，体现着匠人高尚的道德情操和敬业精神。可见，提升质量专注度的核心在于持之以恒，敬业奉献。为实现对品质的追求，就要耐得住寂寞，专注于当下的工作，尽职尽责，内心笃定，潜心钻研。一旦选定一个行业，就一门心思扎根下去，心无旁骛，在一个细分领域上不断积累优势，最终才能成为“领头羊”。

典型案例

用品质为土家木椅“代言”

湖北恩施巴东平阳坝四面环山、中间平原，平阳河自东向西缓缓流过。这片物产丰富、风景秀丽的土地，滋养着土家匠人坚韧、勤劳、专注的品格。其中，土家木椅的制作者——邢忠瑶就是杰出工匠的代表。

邢忠瑶是土生土长的平阳坝人，做了 40 多年的木匠，经他手上做出的各种家具不计其数。如今让邢忠瑶特别专注的，是一把小小的土家木椅。土家木椅样式精致，设计巧妙，坐着舒服，而且经久耐用。但制作木椅却是个功夫活，一把木椅需要经过挑选木料、下料、刨平、打眼、熏蒸、组装、打磨、刷漆等 20 多个步骤。原料必须选用高山柏木，制作过程中，利用人工和专业打磨机械对木料反复打磨，然后刷三遍清水面漆，才能使得椅子经久耐用、靓丽美观。很多当地年轻人宁可去外地打工，也不愿学木工。而邢忠瑶却坚守着这门传统手艺，初心不改。

木椅质量的好口碑得益于一件小事。有一次，当地一家人办喜事，主人在三楼搬东西，不小心碰到一把木椅。木椅掉到一楼水泥地上。大家惊慌失措，捡起来却发现仅擦掉一点油漆，其他部分完好无损。众人惊讶，询问谁做的椅子，得知是邢忠瑶作品，皆称赞不已。木椅质量之好，由此迅速传播开来。销路拓宽后，有人建议邢忠瑶扩大规模，做更多木椅。他却不以为然，坚持“手工做的东西，不在于多而在于精”。木椅的打磨、刷漆等部分可以让机械或其他人做，但核心的熏蒸、组装等工序，因为要精准控制火候、力度、温度等因素，必须亲力亲为。就这样，邢忠瑶用自己的匠心将传统木工技艺发扬光大。

案例分析

当今，手工家具逐渐被各种各样的沙发、组合家具所代替，传统的手工家具的市场越来越小。但邢忠瑶坚信“酒香不怕巷子深”，在网络和物流高度发达的今天，只要坚守品质，传统工艺仍有希望走向世界各个角落。邢忠瑶以对质量的高度专注完美诠释了什么叫工匠精神。正是由于他制作的手工家具饱含了工匠时间及技艺的沉淀，因而相比工业时代的产物更显可贵。

小结与思考

冰冻三尺，非一日之寒。保证产品质量，也非一朝一夕。成功贵在秉持心中对品质的信念，以工匠精神为指引，只要坚持精益求精、严守标准、专注坚持，人人都会成为为高品质代言的工匠。

以下问题值得我们探究与思考。

1. 你的工作岗位中包括哪些值得注意的细节？
2. 你的工作岗位中涉及哪些质量标准？
3. 对于上述细节和标准，你在工作中的执行情况如何？
4. 为了更好地执行工作标准，你认为需要提升哪些方面的技能？

第3节 持续地提升改进

微故事导入

质量管理与我有关吗?

近几年，随着“节能减排”理念的普及，国家对购置新能源产品加大补贴力度，新能源汽车受到更多消费者的青睐，小李所在的新能源汽车整车企业的销售订单也逐年增加。面对本土新能源汽车品牌的激烈竞争，企业决定从提升质量入手，以口碑赢得市场。经过调研，企业管理层宣布推行全面质量管理，从汽车设计、零部件采购、汽车装配、质检、维修，到运营、销售等全部环节全员都要参与，定期学习《中华人民共和国产品质量法》等法律法规，并修订了企业质量管理规定。面对越来越严格的质量标准，有些车间的员工私下聚在一起抱怨：“工作本来就够辛苦了，还要学什么质量规范，这不是质检部门应该干的活吗?”“就是，领导们管管就行了，我们一线员工凑什么热闹啊，把自己的工作干好就得了。”听了这些议论，小李也疑惑了：公司的全面质量管理到底和我们一线员工有没有关系呢?

故事分析

如果将企业视为一个整体，那么每个人、每道工序都是重要的一环，“牵一发而动全身”。因此，质量职能应由公司全体人员来承担，不仅局限于产品制造阶段，而应贯穿生产经营全过程。这也是全面质量管理的核心理念。

问题导入

什么是全面质量管理?企业员工能为企业产品质量提升做些什么?

一、做质量的“主人翁”——推进全面质量管理

1. 什么是全面质量管理

一提到质量管理，很多人会疑惑：那不是企业质检部门的事吗？不是企业高层的事吗？其实不然。如果对质量的把控仅靠质检人员或管理人员事后检验，甚至在产品即将出厂时才发现问题返工，那会给企业造成多少人力、物力和时间的浪费啊。因此，全面质量管理理念应运而生。这一理念最鲜明的特点在于将过去事后检验、把关为主转变为事前预防、改进为主，从重结果转变为重过程，抓住主要矛盾，找出生产过程中影响质量的各种因素，调动各部门人员参与，“对症下药”，实现人、机、物、信息高度协调，使企业成为一个紧密联系的有机整体。质量管理的“全面”主要体现在以下 3 方面。

（1）全局管理。经济全球化的今天，随着产品质量标准日渐社会化、国际化，每一位员工都应当站得更高、看得更远。首先要着眼当下，善于识别客户的质量需求，运用先进、科学的管理技术及方法提升产品质量，为用户服务；其次要放眼全局，在生产产品时就要经常思考“我的产品能在市场存续多久？提升质量对推动行业、社会进步是否有贡献？”等问题，在工作中逐渐练就一番“大格局”。

（2）全过程管理。“产品的品质是设计出来、生产出来的，不是靠检验出来的！”这不是一句口号，而是体现出产品质量源头预防重于事后检验的箴言。质量管理绝不只是哪一个部门、哪一个环节的责任，而应该是从市场调研开始，到设计、采购、生产、销售、使用过程，直至产品寿命结束为止，形成一个综合性的质量管理体系。

拓展阅读

明代的“全过程管理”

中国制造业本身就是一幅丰富多彩的历史画卷，中华民族质量管理的历史更是源远流长。例如明代就有了“全过程质量管理”的雏形，从产品设计、原料采集、生产制作、产品入库、出库销售等进行全流程质量监管。并且“管物先管人”，要求工匠及监造官员时时、处处自我检查，一旦出现质量问题，不但要受到罚款、没收财物等经济处罚，严重的还会遭到降职、撤职甚至刑罚。最绝妙的还当属南京明城墙的“物勒工名”制度，在朱元璋的亲自监督下，每一块砖上都刻有对应的制造者名字、烧制时间、材料来源等，以保证任何一个质量问题都可以通过砖块上刻的名字查到直接责任者，无形中督促每一位参与建造的工匠都对工程怀有敬畏之心。

（3）全员管理。很多企业员工认为质量管理是“一把手”工程，是需要管理层“拍脑袋”的事情，与一线员工无关。这种观点是十分片面的。现代企业生产过程复杂，前后工序之间联系紧密、相互制约，每个岗位的工作细节都会直接或间接地影响产品质量，只靠少数环节设置关卡是远远不够的。因此，人人都要做质量管理的“主人翁”，只有每个人都参与到质量管理中来，将产品质量视为自己的责任，才能保证质量管理工作确有成效。质量管理，一个都不能少。

2. 我能为全面质量管理做什么

全面质量管理的核心就在于全员参与、全过程监控，这表明无论身处哪个岗位，都不是质量问题的旁观者，而是质量管理的重要“螺丝钉”。在全面质量管理的浪潮中，每个人都应做到熟知标准、严格监督、信息共享，扮演好以下 3 个角色。

（1）做质量信息的“共享者”。每个人在企业中都不是孤立的个体。以质检人员为例，在工作中会与公司采购人员、生产人员、销售人员等频繁打交道，这就要求质检人员不能只是单纯学习自己岗位的知识技能，更要主动收集和了解采购、生产、销售环节的最新政策和信息，并及时归纳、整理，实现信息共享。对于企业采购及销售人员，则可以充分利用走访供应商和客户的机会，了解对方在质量管理中的先进经验，做企业改进质量的对外“窗口”，为企业质量提升及决策提供信息支持。

（2）做质量执行的“检查员”。随着企业内部质量管理水平的提升，越来越多的企业通过培训、考核加强过程管理，但这并不意味着质量检验员就可以“躺平”。质量检查功能不但不能淡化，反而应该让更多人参与，及时发现质量管理的“短板”。一旦发现质量隐患，无论是否出在自己的工序，都应及时上报，避免事后耗费更多的成本去弥补，应将质量漏洞消灭在萌芽阶段。

（3）做质量理念的“宣传员”。一名优秀的员工除了自身严格践行企业质量管理规定外，还会在工作中积极主动地宣传质量理念。例如通过培训向新员工讲解质量管理知识及关键技术要点、通过小组研讨与其他员工共同分析质量问题案例等。通过学习与交流，在企业中营造出“视质量为生命，视管理为己任”的良好氛围，将质量意识根植于每位员工心中。

二、好口碑才能有好品牌——构建独特的质量文化

1. 质量文化是企业软实力的重要体现

有质量意识的领导层和员工，不是被动地接受对产品质量的要求，而是充分发挥主观能动性，积极塑造产品形象，在企业内部营造“人人重视质量”的氛围，从而形成企业独具特色的质量文化。质量文化中涵盖了观念、意识、规范、精神、形象、行为等多种要素，被称为企业的软实力，体现着企业大多数成员共同的品质追求。如华为的“大质量观”、海信的质量管理“七条军规”等，都是将质量管理上升到战略层次，企业从上至下拧成一股绳，形成高质量品牌建设合力。

2. 做企业质量文化的“践行人”

企业的好口碑不是靠广告宣传出来的，而是靠全体员工共同奋斗而得来的。从许多企业的质量文化建设经验来看，作为员工个人，可以从以下 3 方面入手，做企业质量文化的“践行人”。

（1）认同企业质量文化。管理经验表明，个人对团队价值观的认同能有效增进工作效率。每一位员工入职时，可以通过与前辈沟通交流，了解企业质量管理标准，学习质量管理典型案例，从理解到接受逐步过渡。只有先认同企业的质量文化，在精神层面达成共识，才会心甘情愿地执行企业的质量标准。

（2）融入企业质量文化。质量文化能不能落地，关键在于执行。每个人不但要在心底认同企业的质量价值观，更要以实际行动融入其中，主动学习企业质量标准，并在工作中严格执行。

（3）共建企业质量文化。“火车跑得快，全靠车头带”。质量文化建设的关键在于顶层设计，但绝不仅仅停留于顶层设计，每一个企业人都是质量文化的制定者、建设者、执行者、检验者。一个爱岗敬业的员工，能够跳出自己工作的一环，站在全局看问题，在明确公司使命、愿景的基础上，帮助管理层优化质量目标，真正做质量管理的“主人翁”。

拓展阅读

企业中的“精益”文化——精益质量管理

“精益”文化最早起源于20世纪50年代，是为应对汽车工业资源稀缺而总结出的一种“投入最小化、效益最大化”的管理思想，即“少而精”。随着全球工业发展，“精益”思想逐渐被世界认同，并应用于质量管理方面，衍生出“零事故”“零缺陷”“零浪费”为核心的“精益质量管理”理念，成为企业质量文化的重要组成部分。其内涵包括以下4个方面。

流程标准化。在生产的每一个环节都坚持标准化作业，严格遵守质量规定。若流程表述不清晰、不明确，会产生更多的协调成本，影响生产效率。

生产系统化。将生产系统视为一个整体。合理运用质量看板等工具，对各环节产品质量数据进行收集、分析、整理，找到并解决影响产品质量的各种因素。

产品质量零缺陷化。精益质量管理的核心就在于精益求精，要求员工在第一次操作时就要做到尽善尽美，力争零缺陷，降低返工损失。

质量改进持续化。持续改进也是全面质量管理的重点原则之一。强调产品质量的改进永无止境，要不断通过收集分析内部、外部质量信息，消除影响质量的不良因素，保证全员、全过程持续参与改进提升。

精益质量管理着眼于生产系统，强调运用统计方法对质量进行度量和改进，显著提高了质量管理的科学性和针对性。而该理念能否有效实施，关键看员工对“精益”文化的认可度、学习力、凝聚力和执行力，即做到员工职业化。这就要求企业改变原有的粗放管理模式，将人视为管理流程中最重要的因素。

小结与思考

回头再去看本节开头的问题：“质量管理与我有关吗?”读完本节后，想必你会坚定地回答：“当然有关!”在提倡全面质量管理的今天，每一位员工都是质量板块中的一块重要“拼图”。任何一名优秀的企业员工，都应时时以用户需求为先，认同并践行企业质量文化，以实际行动为高质量品牌建设助力。

以下问题值得我们探究与思考。

1. 请上网查阅资料，探究我国古代其他历史时期有哪些代表性的质量管理措施，并完善下表。

所属朝代	质量管理典型措施	成效评价

2. 结合自身工作岗位，思考我能为质量提升做什么，并写在下面的表格中。

我的工作岗位	质量关键点	质量提升建议

第6章

保障我的安全，守护我的家园

第1节 给自己满满的安全感

微故事导入

消逝的年轻生命

某年3月22日下午，某厂项目部进行锅炉电除尘消缺工作中，工作负责人派焊工陶某（未满18岁）和王某进行焊接作业。工作负责人尚在办理作业票手续时，陶某擅自进入照明不足的锅炉烟道，从无防护设施的烟道竖井坠落（落差9.5米），经抢救无效死亡。

故事分析

事故原因及暴露的问题，一是陶某安全意识淡薄，安全素质不高，在未办理完工作票手续的情况下，擅自进入锅炉烟道；二是陶某年龄不满18岁，就从事焊接工作违反了《特种作业人员安全技术培训考核管理规定》；三是在锅炉烟道临时照明不足、竖井未设临时围栏的情况下从事焊接作业，违反了《中华人民共和国安全生产法》。

问题导入

我们在工作中应如何提高安全意识、安全素质，消除安全隐患？

核心要素

安全意识

安全素质

生产安全事故隐患

安全对每个人都是最重要的。有了安全才能拥有一切。习近平总书记曾指出，“安全生产是民生大事，一丝一毫不能放松”。要牢固树立“安全在我心中”的理念，作为技能人才，要努力学习各项安全知识和技能，做安全生产的模范。

一、如何提高安全意识

党的二十大报告强调，“推进安全生产风险专项整治，加强重点行业、重点领域安全监管。提高防灾减灾救灾和重大突发公共事件处置保障能力，加强国家区域应急力量建设”。要落实这些要求，首先要有安全意识。有了安全意识才会有安全的行为，有了安全的行为，才能保证最终安全。对生产和施工企业来讲，员工是否具有强烈的安全意识显得尤为重要。提高员工的安全意识历来就是安全管理的首要内容。从员工个人角度来讲，为了自身安全，也要努力提高安全意识。安全意识的形成不仅能使员工提高安全生产自觉性，还有助于员工自觉遵循安全生产的本质特征和规律，适应安全生产的未来发展趋势。

1. 学习安全规程和技术，增强安全意识

学习安全规程和技术是提高安全知识水平最直接、最有效的方法。员工要学习各种现场安全操作规程，不断了解、熟悉安全生产和安全施工的管理规章、制度、技术要求。只有通过学习，积累、提升安全知识，安全积极性才会被释放、激发。

2. 认真开展安全活动，强化安全意识

安全活动是一项在长期安全生产实践中总结出的预防事故的有效措施，是班组安全管理的重要内容。安全活动可以通过语言、思想交流、推理和判断把大家的感性认识转变为提高安全意识的推动力。它为集体成员提高安全意识提供了安全信息、安全技术和管理措施的交流场所。

安全活动需要认真对待，不能流于形式，要定期开展，形成制度。员工个人要重视并认真参与安全活动，通过安全活动，强化个人的安全意识。

安全活动要结合实际开展，要有针对性。例如，可以对特定事故进行剖析，开启每个人对类似事故的预见和反思，让安全意识的深度、广度得到发展，充分调动个人安全意识的积极性、能动性。

3. 班前会必不可少，培养安全深层意识

班前会作为安全管理中的一项有效措施，对提高安全意识来说，作用不可取代。生产作业前开好班前会，对工作内容、注意事项、分工，做详细、合理、科学严谨的安排，那么工作就会远离安全风险。对于员工个人来说，通过长期认真按时参加班前会，慢慢培养起自己对安全的深层意识，这种深层意识能够有效提高个人安全生产的自觉性。

拓展阅读

先其未然谓之防，发而止之谓之救，行而责之谓之戒，防为上，救次之，戒为下。

——（东汉）荀悦

君子安而不忘危，存而不忘亡，治而不忘乱，是以身安而国家可保也。

——《易经·系辞下》

二、如何提升安全素质

劳动者在进入企业后，必须坚持“不伤害他人，不伤害自己，不被别人伤害，保

护他人不受伤害”的“四不伤害原则”，不断地提升安全素质，确保自身和他人的安全。

1. 了解和重视生产安全事故隐患

生产安全事故隐患，是指生产经营单位违反安全生产法律、法规、规章、标准、规程和安全生产管理制度的规定，或者因其他因素在生产经营活动中存在可能导致事故发生的物的危险状态、人的不安全行为和管理上的缺陷。

在安全生产中，有些小的隐患和违章操作在一次或数十次生产过程中也许不会导致事故，但是持续地存在隐患和违章，事故终究会发生。侥幸和麻痹的思想是许多血淋淋的事故的根源。很多起事故都是隐患从量变积累到质变的爆发。所以，大家必须做到清醒之弦紧绷，警钟长鸣耳际，才能做到万无一失。

对待安全问题绝不可存在侥幸心理，必须消除一切隐患，确保百分之百安全。评价一个事物，人们一般有优、良、中、合格、不合格等几个标准。可是评价安全，只有百分之百才算安全。

拓展阅读

事故隐患分级

事故隐患分为一般事故隐患和重大事故隐患。一般事故隐患，是指危害和整改难度较小，发现后能够立即整改排除的隐患。重大事故隐患，是指危害和整改难度较大，应当全部或者局部停产停业，并经过一定时间整改治理方能排除的隐患，或者因外部因素影响致使生产经营单位自身难以排除的隐患。

2. 掌握劳动者享有的安全保障权利

劳动者应当清楚自己享有的安全保障权利。根据《中华人民共和国劳动法》《中华人民共和国安全生产法》和有关法律法规的规定，劳动者享有安全健康保障的权利，具体包括：获得安全保障、工伤保险的权利；得知危险因素、防范措施和事故应急措施的权利；对本单位安全生产存在的问题有批评、检举、控告的权利；拒绝违章指挥操作和强令冒险作业的权利；遇到危及人身安全的紧急情况，有停止作业或者在采取可能的应急措施后撤离作业场所的权利；受到伤害后，有依法索偿权。

3. 掌握劳动者必须履行的安全义务

劳动者为保证自身的安全，必须履行应尽的义务。这是每一个劳动者必备的职业素质。具体内容包括：学习相关法律法规、遵纪守规、服从管理的义务；正确佩戴和使用劳动防护用品的义务；接受安全生产教育和培训，掌握安全生产知识和技能的义务；发现事故隐患或者其他不安全因素及时报告的义务。

在刚进入工作岗位时，员工必须接受安全生产教育和培训，内容包括安全生产知识、安全生产规章制度和安全操作规程、本岗位安全操作技能、事故应急处理措施、个人在安全生产方面的权利和义务，并经考试合格后，方可进入操作岗位。要坚决做到以下要求：严格执行本单位的安全生产规章制度和安全操作规程，坚决杜绝不安全的行为；严禁酒后上岗；不得在禁烟火区吸烟动火；不得违章指挥和违章作业；对各种防护装置、防护设施和警告、安全标志等不得任意拆除和随意挪动；正确佩戴劳动防护用品；对查出的隐患能立即整改的，及时进行整改，在隐患没有消除前，必须采取可靠的防护措施，如有危及人身安全的紧急险情，应立即停止作业。

三、如何消除生产安全事故隐患

生产安全事故隐患是事故发生的根源之一。要防止事故发生，必须及时发现并消除隐患。

1. 进行安全检查

要想消除生产安全事故隐患，首先需要通过检查发现生产安全事故隐患，具体有以下两种方法。

（1）查现场隐患。查现场隐患是安全检查的重要方面。查现场隐患应包括定期检查作业场所建筑物是否安全，安全通道是否通畅，零部件的存放是否有条理，各种机器设备的排列和防护装置、保险装置、信号装置是否完好，电气设备的安全设施、各种气瓶和压力容器、化学用品等的使用管理是否严守制度，车间内的照明设施、有毒有害物质的防护设施、劳动条件、相应的安全标志设置是否完备；经常检查生产现场及周围环境是否有变化，是否有不安全因素，生产设备是否有带病运转现象。劳动者对自己经常接触和使用的机械设备、电气设备、工夹具、原材料、化学用品、安全装置、劳动防护用品等，应随时进行检查，一旦发现隐患就要及时排除。检查自己是否按标准作业，是否遵守安全技术操作规程，是否违反劳动纪律。同时，还要检查自己每一时期的生物节律变化情况，协调家庭或周围环境影响引起的情绪变化以及其他方面的思想波动。总之，要通过各种办法采取有效措施来提高自我防范能力，以消除不安全行为。

（2）查安全知识。在实践中，因为劳动者安全生产知识水平低下而引发的事故相当多。因此，在安全检查中把查安全知识作为一项必要内容。检查的具体内容包括：检查是否了解企业的安全生产规章制度和操作规程；是否了解企业生产概况，基本生产技术、作业方法或工艺流程，以及产品的构造、性能、质量和规格；是否掌握企业内特别危险的设备和区域及其人身安全防护的基本知识和注意事项；是否掌握与生产技术和作业方法相关的各种机具设备的性能和知识、有关电气设备的基本安全知识、起重机械和厂内运输有关的安全知识、生产中使用的有毒有害原材料或可能散发的有毒有害物质的安全防护基本知识、劳动防护用品的正确使用方法、伤亡事故报告办法等。对于特种作业人员，还应检查其是否掌握专业安全技术知识，是否经过专门安全作业培训，是否取得相应资格。

2. 隐患排除整体要求

对于检查出的生产安全事故隐患，应按照有关规定做相应处理。对检查中发现的事故隐患，应当责令立即排除。重大事故隐患排除前或者排除过程中无法保证安全的，应当责令从危险区域内撤出作业人员，责令暂时停产停业或者停止使用相关设施、设备。重大事故隐患排除后，经审查同意，方可恢复生产经营和使用。

3. 隐患整改的对策措施

排除生产安全事故隐患后，检查出隐患的区域、部门应进行安全整改。安全整改一般包括以下 7 项内容。

（1）实行机械化、自动化生产。机械化、自动化的生产不仅是发展生产的重要手段，也是实现安全生产的根本途径。机械化能减轻劳动强度，自动化能减少人身伤害的危险。

（2）设置安全装置。安全装置包括防护装置、保险装置以及警告装置等。

（3）增强机械强度。机械设备、装置及其主要部件，必须具有必要的机械强度和安全系数。

（4）保证电气安全可靠。电气安全对策措施通常包括防触电、防电气火灾爆炸和防静电等。保证电气安全的基本条件包括：设备经过安全认证；配备备用电源；设置防触电措施；设置电气防火防爆措施；设置防静电措施。

（5）按规定维护保养和检修机器设备。机器设备是生产的主要工具，它们在运转过程中总不免有些零部件逐渐磨损或过早损坏，以至引起设备上的事故，其结果不但会使生产停顿，还可能使操作人员受到伤害。因此，要使机器设备经常保持良好状态，预防设备事故和人身伤亡事故的发生，必须进行定期维护保养和计划检修。

（6）保持工作场所合理布局。工作场所就是工人使用机器设备、工具及其他辅助设备对原材料和半成品进行加工的区域。完善的组织和合理的布局，不仅能够促进生产，而且是保证安全的必要条件。工作场所散落的金属废屑、润滑油、乳化液，毛坯、半成品等的杂乱堆放，以及地面不平整等情况都可能导致事故的发生。

（7）配备劳动防护用品。

小结与思考

本节主要讲述了如何提高安全意识、如何提升安全素质，并从整体角度介绍了如何消除生产安全事故隐患。

以下问题值得我们探究与思考。

结合企业安全工作，说说你是如何理解“千丈之堤，以蝼蚁之穴溃”这句话的。

第 2 节 安全从我做起

微故事导入

同车不同伤

2022 年 1 月 10 日 21 时 40 分许，常某醉酒后驾驶小型轿车，沿国道由西向东行驶至泊头市前辛运河桥上，与前方顺向行驶的付某驾驶的挂车追尾相撞，造成人员受伤、车辆损坏的交通事故。

在此次事故中，常某驾驶的小型轿车中，常某坐在驾驶座位上系有安全带，轻微受伤。乘车人穆某坐在副驾驶座位上未系有安全带，乘车人张某坐在后排座位上未系有安全带，受伤较重。

故事分析

案例中常某和穆某、张某乘坐同一辆车，但是常某系有安全带，穆某、张某未系安全带。造成受伤严重程度不同的主要原因在于是否系有安全带。安全带是交通工具中的安全技术措施。

问题导入

为了实现安全生产，保证员工人身安全，企业需要有完备的安全技术措施，员工个人更需要从我做起，明确个人在安全方面的权利，履行安全义务，认识安全技术措施，学会使用劳动防护用品，掌握特种作业相关知识。

核心要素

安全技术措施

劳动防护用品

特种作业

一、认识安全技术措施

安全技术的最根本目的，就是实现生产过程中的本质安全。本质安全是指即便是人本身误操作，或者设备个别部件发生了故障，也会因为安全技术的可靠性而避免事故的发生。安全技术措施是指运用工程技术手段消除物的不安全因素，实现生产工艺和机械设备等生产条件本质安全的措施，可以分为防止事故发生的安全技术措施和减少事故损失的安全技术措施。

1. 防止事故发生的安全技术措施

防止事故发生的安全技术措施是指为了防止事故发生，采取的约束、限制危险物质或因素，防止意外发生的安全技术措施。

（1）装设防护装置。主要是采取阻隔、保持有效距离和屏蔽的办法，保护作业者不受伤害，这种装置分为 3 类。

1）直接防护。主要是利用防护装置达到保护人身安全的目的。凡是不能采取机械化和自动化生产的场所，在采取安全技术措施时，首先要考虑采用安全防护装置来隔离危险因素，而且要做到美观、适用，不妨碍操作，不降低生产效率。

根据用途和工作条件的不同，防护装置可分为简单防护装置和复杂防护装置。复杂防护装置是安装在机器设备上的连锁装置，如自动冲床的安全插销、物料升降机的连锁开关等；简单防护装置指防护挡板、防护罩、防护栅栏和防护网等。防护装置一旦安装到机器上，就被视为是机器设备的一部分，不得随意拆卸。

2）距离防护。生产中的危险因素和有害因素的作用程度，一般都是依照与距离有关的某种规律而增减，可以运用危险因素和有害因素的这一性质来减少其危害。例如，对高压电、电离辐射和噪声的防护，均可以通过自动控制和遥控的作业方式，使操作者远离作业地点，以减少危险因素和有害因素对人体的不利影响。

3）屏蔽保护。在危险因素和有害因素的作用范围内设置屏蔽装置，防止人员与之直接或间接接触，即为屏蔽保护。屏蔽保护可分为机械的、光电的、吸收的和反射的等种类。例如为防止触电，可以通过箱盒等把带电体同外界隔离开来，以减少人员直接触电的可能性。

（2）装设保险装置。保险装置是能避免因整个生产设备或设备个别部件发生故障或损坏而导致的人身伤害的安全装置。按其作用原理保险装置可以分为两种类型。

1）薄弱环节型。这是利用薄弱的元件，在危险因素接近危险数值时，先损坏薄弱元件自身，以保护设备安全，避免人身事故，如安全膜、安全阀和熔断器等。

2）自动断电型。这种装置的作用原理是在机电设备达到危险状态之前，由装置自动切断电源，从而避免事故的发生，如自动空气开关、漏电保护器、起重机力矩限制器和行走限制器等。

（3）装设信号装置。信号装置是应用信号警告预防事故发生的装置。信号装置本身不排除危险，只能提醒人们对危险的注意，以便能及时采取预防措施去排除危险或避免危险。信号装置能否取得良好的效果，取决于人们对信号的辨别和对信号含义的了解。信号装置可分为色彩信号、音响信号和指示信号 3 种。

1）色彩信号是利用色彩学知识而设置的信号装置。中华人民共和国国家标准《安全色》（GB 2893—2008）中规定，安全色是传递安全信息含义的颜色，包括红、蓝、黄、绿 4 种颜色。其中，红色传递禁止、停止、危险或提示消防防备、设施的信息；蓝色传递必须遵守规定的指令性信息；黄色传递注意、警告的信息；绿色传递安全的提示性信息。

2）音响信号通过声音的方式提醒操作者应该注意的事项，如警报声等。

3）指示信号主要是指各种仪表，如压力表、温度表、水位计等。操作者可以通过对指针、数字和液柱的观察，了解压力、温度和液位等变化情况，作出正确的判断和及时的处理。

（4）设置安全标志。针对生产现场实际情况，应设立符合作业情况的含义明确、字迹鲜明的各种安全标志，以提醒人们注意避免危险。中华人民共和国国家标准《安全标志及其使用导则》（GB 2894—2008）规定了40个禁止标志、39个警告标志、16个指令标志，此外还规定了8个提示标志，还有2个提示标志的方向辅助标志。

以上均为防止事故发生的安全技术措施。此外，定期进行设备维护保养和检测检验，合理布置工作场地，实现文明生产，都是不可缺少的安全技术措施。同时，员工还要注意加强个人防护，这是防止各种不安全因素的最后一道防线。

2. 减少事故损失的安全技术措施

防止意外发生后释放的能量引起对人的伤害或物的损坏，或减轻其对人的伤害或对物的破坏的技术措施称为减少事故损失的安全技术措施。该类技术措施是在事故发生后，迅速控制局面，防止事故的扩大，避免引起二次事故的发生，从而减少事故造成的损失。常用的减少事故损失的安全技术措施有隔离、设置薄弱环节、个体防护、避难与救援。

二、学会正确使用劳动防护用品

劳动防护用品是为了保证劳动者在生产过程中的安全和健康而发给劳动者个人使用的防护用品，用于防护有灼伤、烫伤或者容易发生机械外伤等危险的操作，在强烈辐射热或者低温条件下的操作，散发毒性、刺激性、感染性物质或者大量粉尘的操作，以及经常使衣服腐蚀、潮湿或者特别肮脏的操作等。根据具体操作过程中的不同需要，应供给劳动者的防护用品主要可分为头部护具、呼吸护具、眼防护具、听力护具、防护手套、防护鞋、防护服、防坠落护具、护肤用品等。下面重点介绍安全帽、防毒面具、防护眼镜、耳塞、防护手套、劳保鞋的使用方法和注意事项。

1. 安全帽的正确使用方法及注意事项

（1）正确使用方法。安全帽一般由帽衬和帽壳两部分组成，帽衬必须与帽壳连接良好，同时帽衬与帽壳不能紧贴，应有一定间隙，该间隙一般为2~4厘米（视材质情况），当有物体坠落到安全帽壳上时，帽衬可起到缓冲作用，不使头部和颈椎受到伤害。在佩戴前，应调整好松紧大小，以帽子不能在头部自由活动，自身又未感觉不适为宜。戴好后，必须拴紧帽带，当人体发生坠落或头部受到二次击打时，不至于脱落。

安全帽

（2）使用注意事项。安全帽应戴正，帽带系紧，帽箍的大小应根据佩戴人的头型调整箍紧。女士佩戴安全帽应将头发放进帽衬内。

2. 防毒面具的正确使用方法及注意事项

（1）正确使用方法。防毒面具使用前要仔细检查连接部位及呼气阀、吸气阀的密合性。佩戴防毒面具时应用面具盖住口鼻，然后将头带框套拉至头顶；用双手将下面的头带拉向颈后，然后扣住。

防毒面具

（2）使用注意事项。佩戴防毒面具时如果闻到毒气的微弱气味，应立即离开有毒区域。有毒区域的氧气体积占空气体积的 18% 以下、有毒气体体积占空气总体积 2% 以上的地方，各型防毒面具滤毒罐均不能起到防护作用。

每次使用后应将防毒面具滤毒罐上部的螺帽盖拧上，并塞上橡皮塞后储存，以免其内部受潮。滤毒罐应储存于干燥、清洁、空气流通的库房内，严防受潮、过热。滤毒罐有效期为 5 年，超过 5 年应重新鉴定。

3. 防护眼镜的正确使用方法及注意事项

（1）正确使用方法。佩戴防护眼镜时应将橡皮带拉开至头部大小；将防护眼镜戴上，防护眼镜四周要贴合于面部。

防护眼镜

（2）使用注意事项。防护眼镜不能用于可能发生爆炸，或存在打磨砂轮、研磨砂轮等会产生严重冲击碎片的场合；不能用于抵御辐射，如焚烧以及有火焰的切割和焊接场所；不能用于抵御激光射线；不能用于体育运动，如射击等。当防护眼镜镜片有裂纹、明显污渍时应停止使用。

4. 耳塞的正确使用方法及注意事项

（1）正确使用方法。佩戴泡沫耳塞之前，应先清洗双手。左耳佩戴泡沫耳塞时，一边用左手将耳塞压扁、揉细，一边用右手从头的后方向上、向外拉左耳耳郭，尽量把耳道拉直，同时用左手将耳塞塞入耳道，耳塞膨胀后在耳道内成型堵住耳道。用同样的方法佩戴右耳耳塞。

佩戴成型硅橡胶耳塞也必须用手拉直耳道，但插入耳塞前不需要揉搓，直接将耳塞插入耳道即可。

（2）使用注意事项。在佩戴各种耳塞时，不要用力过猛过急或插得太深，以自我感觉适度为宜。戴后感到隔声不良时，可将耳塞缓慢转动，调整到效果最佳位置为止。如果经反复调整仍然效果不佳，应考虑改用其他型号、规格的耳塞反复试用，直到选择到合适的耳塞为止。

5. 防护手套的正确使用方法及注意事项

（1）正确使用方法。在处理有害物质或操作危险工序前应戴上防护手套。应选择适当尺码的防护手套，每次使用之前应检查防护手套是否有损坏。摘下已污染的手套后要避免污染物外露及接触皮肤。已被污染的手套要先包好再丢弃。再用式防护手套使用后要彻底清洗干净并风干。

（2）使用注意事项。防护手套应存放在干燥、避光、恒温的环境中。防护手套上有大量化学物质残留时，要用适当的溶剂清洗，但要避免使用腐蚀性清洗液。防护手套洗干净后要充分晾干，除非有制造商指示，否则切勿用热力烘干，那样会使手套快速老化。

6. 劳保鞋的正确使用方法及注意事项

（1）正确使用方法。劳保鞋要根据劳动者的工作环境来选择，且在选好哪种劳保鞋后，一定要按其功能使用。例如，机修钳工、管道工、钣金工等应选择防砸、防滑、防油劳保鞋；锻造工等应选择防砸、防滑高腰劳保鞋；电工等应选择防砸绝缘劳保鞋。

使用劳保鞋前要仔细查看或测验劳保鞋质量，如果不查看，往往会存在安全隐患。使用劳保鞋后要查看有无损坏，清洗干净后存放在干燥的环境下。

（2）使用注意事项。劳保鞋鞋头内装有防护包头可以保护脚趾，但不能承受超过额定负荷的冲击和压迫，所以即使穿了劳保鞋也要注意安全防护。穿鞋时应系紧鞋带或者拉牢拉链，避免行走过程中鞋子脱落，同时应尽量避免从高处往下跳。

三、特种作业相关知识

1. 认识特种作业

特种作业是指容易发生人员伤亡事故，对操作者本人、他人的生命健康及周围设施的安全可能造成重大危害的作业。直接从事特种作业的人员称为特种作业人员。

特种作业包括：电工作业、焊接与热切割作业、高处作业、制冷与空调作业、煤矿安全作业、金属非金属矿山安全作业、石油天然气安全作业、冶金（有色）生产安全作业、危险化学品安全作业、烟花爆竹安全作业、应急管理部认定的其他作业。

（1）电工作业，指对电气设备进行运行、维护、安装、检修、改造、施工、调试等作业（不含电力系统进网作业），包括高压电工作业、低压电工作业、防爆电气作业。

（2）焊接与热切割作业，指运用焊接或者热切割方法对材料进行加工的作业（不含《特种设备安全监察条例》规定的有关作业），包括熔化焊接与热切割作业、压力焊作业、钎焊作业。

（3）高处作业，指专门或经常在坠落高度基准面 2 米以上有可能坠落的高处进行的作业，包括登高架设作业、高处安装、维护、拆除作业。

（4）制冷与空调作业，指对大中型制冷与空调设备运行操作、安装与修理的作业，包括制冷与空调设备运行操作作业、制冷与空调设备安装修理作业。

（5）煤矿安全作业包括煤矿井下电气作业、煤矿井下爆破作业、煤矿安全监测监控作业、煤矿瓦斯检查作业、煤矿安全检查作业、煤矿提升机操作作业、煤矿采煤机（掘进机）操作作业、煤矿瓦斯抽采作业、煤矿防突作业、煤矿探放水作业。

（6）金属非金属矿山安全作业包括金属非金属矿井通风作业、尾矿作业、金属非金属矿山安全检查作业、金属非金属矿山提升机操作作业、金属非金属矿山支柱作业、金属非金属矿山井下电气作业、金属非金属矿山排水作业、金属非金属矿山爆破作业。

（7）石油天然气安全作业主要是指司钻作业。

（8）冶金（有色）生产安全作业主要是指煤气作业。

（9）危险化学品安全作业，指从事危险化工工艺过程操作及化工自动化控制仪表安装、维修、维护的作业，包括光气及光气化工艺作业、氯碱电解工艺作业、氯化工艺作业、硝化工艺作业、合成氨工艺作业、裂解（裂化）工艺作业、氟化工艺作业、加氢工艺作业、重氮化工艺作业、氧化工艺作业、过氧化工艺作业、胺基化工艺作业、磺化工艺作业、聚合工艺作业、烷基化工艺作业、化工自动化控制仪表作业。

（10）烟花爆竹安全作业，指从事烟花爆竹生产、储存中的药物混合、造粒、筛选、装药、筑药、压药、搬运等危险工序的作业，主要包括烟火药制造作业、黑火药制造作业、引火线制造作业、烟花爆竹产品涉药作业、烟花爆竹储存作业。

2. 特种作业对从业人员的要求

（1）特种作业从业人员素质要求。

1）从业人员必须年满 18 周岁，且不超过国家法定退休年龄。

2）经社区或者县级以上医疗机构体检健康合格，并无妨碍从事相应特种作业的器质性心脏病、癫痫病、美尼尔氏症、眩晕症、癔病、震颤麻痹症、精神病、痴呆症以及其他疾病和生理缺陷。

3）具有初中及以上文化程度。

4）具备必要的安全技术知识与技能。

5）相应特种作业规定的其他条件。

6）危险化学品特种作业人员应当具备高中或者相当于高中及以上文化程度。

（2）特种作业从业人员培训要求。特种作业人员必须经专门的安全技术培训并考核合格，取得《中华人民共和国特种作业操作证》后，方可上岗作业。

特种作业人员应当接受与其所从事的特种作业相应的安全技术理论培训和实际操作培训。已经取得职业高中、技工学校及中专以上学历的毕业生从事与其所学专业相应的特种作业，持学历证明经考核发证机关同意，可以免予相关专业的培训。

拓展阅读

法律小知识

《中华人民共和国安全生产法》第四十五条：生产经营单位必须为从业人员提供符合国家标准或者行业标准的劳动防护用品，并监督、教育从业人员按照使用规则佩戴、使用。

《中华人民共和国安全生产法》第四十六条：生产经营单位的安全生产管理人员应当根据本单位的生产经营特点，对安全生产状况进行经常性检查；对检查中发现的安全问题，应当立即处理；不能处理的，应当及时报告本单位有关负责人，有关负责人应当及时处理。检查及处理情况应当如实记录在案。

生产经营单位的安全生产管理人员在检查中发现重大事故隐患，依照前款规定向本单位有关负责人报告，有关负责人不及时处理的，安全生产管理人员可以向主管的负有安全生产监督管理职责的部门报告，接到报告的部门应当依法及时处理。

《中华人民共和国安全生产法》第四十七条：生产经营单位应当安排用于配备劳动防护用品、进行安全生产培训的经费。

小结与思考

本节主要介绍了安全技术措施，其中包括防止事故发生的安全技术措施和减少事故损失的安全技术措施，讲述了劳动防护用品的使用方法和注意事项，并强调了特种作业的范围及特种作业对从业人员的要求。

以下问题值得我们探究与思考。

1. 如何区分防止事故发生的安全技术措施和减少事故损失的安全技术措施？

2. 特种作业的范围包含哪些？

第3节 守护绿色家园

微故事导入

大江南北的“金山银山”故事

故事1：河北最北端镶嵌着一颗“绿宝石”，这里是世界上面积最大的人工林海——塞罕坝。曾经的塞罕坝“黄沙遮天日，飞鸟无栖树”，现在这里变成了郁郁葱葱的林海。据统计，塞罕坝森林生态系统每年可涵养水源和净化水质1.37亿立方米，固碳74.7万吨，释放氧气54.5万吨，可供199万人呼吸一年，塞罕坝提供的生态服务价值超过120亿元。

故事2：好生态给更多地方带来好“钱景”。一棵树没砍，却挣了14万多元，这要是在以前，福建三明常口村的村民想都不敢想。这笔“奇怪”的收入来自碳票。碳票是以林木生长量增量为测算基础并依据计量办法换算成的碳减排量，以“票”的形式发给林木所有权人，从而把空气转化成可交易、可收储、可贷款的“真金白银”。只要树林管好了，林木所有权人就能源源不断地获得收入。2021年5月，三明举行林业碳票首发仪式。常口村3 197亩生态公益林经第三方评估测算，监测期产生碳减排量12 723吨的碳票，其中的2 723吨碳减排量，当天以4.084 5万元的价格被某科技有限公司买走。

中国向世界作出减排承诺：二氧化碳排放力争于2030年前达到峰值，努力争取2060年前实现碳中和。随着碳达峰、碳中和行动的推进，林票、碳票和碳金融等多元化的生态产品纷纷涌现，这将给经济发展带来新的增长点。绿水青山真正成了金山银山。

故事分析

以上故事说明经济发展和环境保护并不相悖，绿水青山就是金山银山，守护绿水青山十分重要和必要。

问题导入

绿水青山就是金山银山，如何守护绿水青山，如何让绿水青山真正变成金山银山？

核心要素

环保意识

绿色产品

绿色工艺

绿色生产

一、绿水青山就是金山银山

2005 年 8 月 15 日，时任浙江省委书记的习近平在浙江安吉县余村调研时，首次提出“绿水青山就是金山银山”的重要论述。

“为什么说绿水青山就是金山银山？‘鱼逐水草而居，鸟择良木而栖。’如果其他各方面条件都具备，谁不愿意到绿水青山的地方来投资、来发展、来工作、来生活、来旅游？从这一意义上说，绿水青山既是自然财富，又是社会财富、经济财富。”2014

年3月，习近平在参加十二届全国人大二次会议贵州代表团审议时，道出了生态环境保护和经济发展的良性互动关系。大自然是人类赖以生存发展的基本条件。尊重自然、顺应自然、保护自然，是全面建设社会主义现代化国家的内在要求。我们必须牢固树立和践行绿水青山就是金山银山的理念，站在人与自然和谐共生的高度谋划发展。

习近平总书记在二十大报告中进一步提出，“我们要推进美丽中国建设，坚持山水林田湖草沙一体化保护和系统治理，统筹产业结构调整、污染治理、生态保护、应对气候变化，协同推进降碳、减污、扩绿、增长，推进生态优先、节约集约、绿色低碳发展”。我们每一个公民在生活和工作过程中，都应注重培养环保素养，不断提升环保意识。作为技能人才，我们在生产中还应该注意学习掌握绿色工艺、生产绿色产品，为实现绿色生产做出贡献。

拓展阅读

我们在生态环境方面欠账太多了，如果不从现在起就把这项工作紧紧抓起来，将来付出的代价会更大。在这个问题上，我们没有别的选择。

——习近平

二、培养环保意识，养成环保习惯

环境与健康的关系日益密切。环境污染已经成为影响公众健康的危险因素之一。因此，在工作和生活中，每个人都应当关注环境质量、自然生态和能源资源状况，了解政府和企业发布的生态环境信息，学习生态环境科学、环境保护法律法规和政策、环境健康风险防范等方面的知识，树立良好的生态价值观，提升自身生态环境保护意识和生态文明素养。

养成环保习惯，主要是养成节约、绿色、低碳、低污染的习惯。党的二十大报告中指出要“实施全面节约战略，推进各类资源节约集约利用，加快构建废弃物循环利用体系……加快节能降碳先进技术研发和推广应用，倡导绿色消费，推动形成绿色低碳的生产方式和生活方式”。具体要做到如下几点。

1. 节约能源践行绿色低碳出行

节约能源能做的有很多，例如合理设定空调温度，夏季不低于 26 ℃，冬季不高于 20 ℃；及时关闭电器电源；多走楼梯少乘电梯；一水多用，节约用纸，按需点餐不浪费。优先选择绿色产品；尽量购买耐用品，少购买使用一次性用品和过度包装商品；外出自带购物袋、水杯等；闲置物品改造利用或捐赠。优先步行、骑行或乘坐公共交通工具出行，多使用共享交通工具，家庭用车优先选择新能源汽车或节能型汽车。

2. 分类投放垃圾减少污染

学习并掌握垃圾分类和回收利用知识，按标志单独投放有害垃圾，分类投放其他生活垃圾，不乱扔、乱放。不焚烧垃圾、秸秆，少烧散煤，少燃放烟花爆竹；抵制露天烧烤，减少油烟排放；少用化学洗涤剂，少用化肥农药；避免噪声扰民。爱护山水林田湖草生态系统，积极参加义务植树，保护野生动植物，不破坏野生动植物栖息地，不随意进入自然保护区，不购买、不使用珍稀野生动植物制品，拒食珍稀野生动植物。

3. 严格执行清洁生产标准

清洁生产是指不断采取改进设计、改善管理、使用清洁的能源和原料、采用先进的工艺技术与设备、综合利用等措施，从源头消减污染，提高资源利用效率，减少或者避免生产服务和产品使用过程中污染物的产生和排放，以减轻或者消除生产过程对人类健康和环境的危害。

三、积极投身绿色工艺、绿色生产

从 20 世纪 60 年代以来，环境问题已开始引起社会公众的普遍关注，对全球面貌和公众思想引起深刻变化的环保运动逐步兴起。综合考虑经济和社会发展要求，开发和生产既符合环保要求又有经济效益的绿色产品，已经成为具有战略眼光的决策者们研究的重要课题。谁拥有绿色产品，谁就能抢先占有市场，谁就能获得最大限度的经济效益。作为技能人才，我们也需要了解绿色产品、绿色生产和绿色工艺，并积极将绿色科技成果进行转化，身体力行采用绿色工艺，进行绿色生产，生产绿色产品。

1. 绿色产品

绿色产品是指在其研究开发、生产制造、销售使用及淘汰报废等全过程中，能有效利用资源，有利于生态平衡，不对环境和消费者造成污染和危害的产品。

为了促进绿色产品的开发和使用，我国鼓励企业实施绿色产品战略，主要有以下3项措施。

（1）加强绿色产品教育。推行绿色产品和倡导环境保护是一个涉及全人类的共同事业，只有人们全体自觉参与，才能取得好的效果，仅靠少数产品、少数企业是不会取得实质性效果的。所以，要在全社会加强绿色产品、环境保护意识的宣传和教育，提高大家的觉悟；同时，要采取立法的方式，建立和健全有关法律。

（2）加强对绿色产品有关基础理论的研究。加强对绿色产品设计、绿色制造、清洁生产、废旧产品零件材料的无害化有效回收技术研究，以及对不可利用的废料和垃圾的无害化处理技术等的研究，为绿色产品的推行奠定坚实的理论和技术基础。

（3）提高能源使用效率。提高能源的使用效率，实现对不可再生资源的重复使用，具有极大的现实意义，是实现我国经济长期可持续发展的重要物质基础。在目前市场上新产品层出不穷、产品更新换代周期明显缩短的情况下，由于性能落后而被淘汰和报废的工业品数量惊人，是造成新的环境污染和材料浪费的重要原因。

典型案例

丝瓜瓤包装

丝瓜瓤包装是指，利用丝瓜瓤的特性，使之产品化，让它成为一个多功能的包装。以干枯的丝瓜瓤为原材料制成的杯子包装为例，它不同于一般的包装，风干后的丝瓜瓤具有丰富的纤维丝状结构，不仅能为玻璃杯等易碎产品提供保护，而且具有清洗能力强，材料成本低的优点。丝瓜瓤包装具有超长的使用寿命。它帮助人们承载易碎品之后，人们还可以利用丝瓜瓤包装来清洗餐具，也可以利用它作为隔热垫。通过再利用，让包装不再是被丢弃在垃圾桶里的废弃物。而且原生态的材料即使被丢弃，也能被土壤中的微生物快速分解，成为新的作物营养。

案例分析

丝瓜瓤包装的案例说明，绿色产品是一个整体概念，从原料选取、生产工艺、生产的产品到产品包装等，都要贯彻绿色理念。

2. 绿色工艺

绿色工艺是指在产品加工过程中尽量节约能源、减少污染。绿色工艺与清洁生产密不可分。绿色工艺主要应从技术入手，尽量研究和采用物料和能源消耗少、废弃物少、对环境污染小的工艺方案，如精确成形、干式切削、准干式切削、生产废物再利用、快速原型制造等都是绿色工艺的新技术。

3. 绿色生产

绿色生产与绿色工艺、清洁生产关系密切，我们可以把绿色生产定义为按照有利于生态环境保护的原则来组织生产过程，创造出绿色产品，以满足绿色消费。因为清洁生产的概念较专注于工业生产，绿色工艺专注于工艺方案和技术，所以绿色生产在某种意义上内涵比清洁生产、绿色工艺更广。除了清洁生产和绿色工艺的内容，绿色生产还更突出开发和生产绿色产品这一点。采用绿色生产的意义是多方面的，例如更易获得消费者对企业及产品的好评和信赖、财务收益（由于排污费用的降低和原材料及能源消耗量的降低产生财务收益），以及新的盈利机会（利用绿色工艺可以将无用的东西转化为可盈利的有用之材，通常称之为“废物利用”）。

需要指出的是，绿色生产是一个相对的、动态的概念。所谓的绿色生产和绿色产品都是相对于原来的生产过程和产品而言的。所以绿色生产本身是一个不断完善的过程，随着技术进步和经济发展，绿色生产的内涵将不断更新进步。生产绿色产品的企业应在生产中引入绿色生产的观念，对原有的高能耗、高污染的生产设备进行改造。在绿色产品的设计过程中，应充分考虑绿色产品功能的延伸和再利用，尽量节省原材料，减少废弃物。同时，还应考虑方便废弃物回收和处理，提供相应的服务，以减少或消除消费者在处理废弃物时的麻烦和无意中造成的环境污染。

拓展阅读

绿色化学

绿色化学是20世纪90年代出现的一个多学科交叉的研究领域。它可以诠释为环境友好化学，其核心内涵是在反应过程和化工生产中，尽量减少或彻底消除使用和生产有害物质。

绿色化学的核心是，利用化学原理从源头上减少和消除工业生产对环境的污染；按照绿色化学的原则，最理想的化工生产方式是反应物的原子全部转化为期望的最终产物。

绿色化学的主要特点是，充分利用资源和能源，采用无毒、无害的原料；在无毒、无害的条件下进行反应，以减少向环境排放废物；提高原子的利用率，力图使所有作为原料的原子都被产品所消纳，实现“零排放”生产出有利于环境保护、社区安全和人体健康的环境友好的产品。

小结与思考

本节阐释了绿水青山就是金山银山的理念，讲述了如何培养环保意识，如何采用绿色工艺、进行绿色生产、生产绿色产品。

以下问题值得我们探究与思考。

1. 如何正确理解“绿水青山就是金山银山”？
2. 结合身边实例，说明企业采用绿色工艺的必要性。

第7章

打造我的健康人生

第1节 塑造健康生活理念

情景导入

我健康吗?

我们每个人，都期待拥有一个完美健康的人生。当我们开启健康之旅前，不妨先问问自己：我健康吗？为了让人们能更准确地掌握健康的概念，世界卫生组织（WHO）进行了详细的注解，即在身体没有疾病的情况下，健康还应符合以下10条标准。

1. 有充沛的精力，能从容不迫地应付日常生活、工作的压力，不感到过分紧张。

2. 处世乐观，态度积极，乐于承担责任，不挑剔。

3. 善于休息，睡眠良好。

4. 应变能力强，能适应外界环境的各种变化。

5. 能够抵抗一般性感冒和传染病。

6. 体重适当，身体匀称，站立时头、肩、臀位置协调。

7. 眼睛明亮，反应敏锐，眼睑不发炎。

8. 牙齿清洁，无空洞，无痛感，牙龈颜色正常，无出血现象。

9. 头发有光泽、无头屑。

10. 肌肉、皮肤有弹性。

在人生道路上，我们会经历许多生理、心理及环境的变化，今天讨论健康，是要让我们及与我们一起工作生活的人，共同增强健康意识、掌握健康知识和技能、塑造健康的生活理念。这是新的健康追求、也是一种健康文化。

问题导入

这些外在的健康表现和哪些因素有关？你认知的健康观是什么？

核心要素

多维健康理念

亚健康

健康职业风险

健康生活意识

健康生活误区

一、树立多维健康理念

健康是人类的永恒追求，也是每个人工作的保障和美好生活的需要。党的二十大报告指出，“推进健康中国建设。人民健康是民族昌盛和国家昌盛的重要标志。把保障人民健康放在优先发展的战略位置”。

长期以来，受到旧观念影响，人们误以为无病即健康。然而，随着时代的不断发展，人们对健康有了新的追求。党的二十大将重大慢性病健康管理、健康管理能力、心理健康和精神卫生等都纳入了健康中国的范畴。世界卫生组织对于健康的最新阐述是，健康不仅是躯体没有疾病，还应具备心理健康、社会适应良好和道德健康。由此可见，健康是一个多维的概念，我们需要树立一种整体的、积极向上的健康观。一个人如果没有生理健康，生命将不复存在；而生理健康的水平在很大程度上取决于心理健康的水平，心理健康能促进生理健康；而社会适应能力和道德健康能促使心理平衡，使人主动地适应社会环境和不同的生活条件，既有利于健康，又有利于人生价值的实现和事业的成功。多维健康观的几个因素之间相互依存、相互促进、有机结合。

拓展阅读

让我们杜绝有损健康的行为

戒掉吸烟的习惯。吸烟有百害而无一利，除了能引发包括心血管疾病、肺癌、消化道肿瘤等在内的多种疾病外，还会对被动吸烟人群造成伤害。

不要酗酒。酗酒也就是过量饮酒。饮酒后约 90% 的酒精都要通过肝脏代谢，长期饮酒、过量饮酒对肝脏的损害特别大，易增加脂肪肝、酒精性肝炎、肝硬化甚至肝癌的风险。

改掉不良饮食习惯。要适当控制高热量、高脂肪、高糖食物；吃饭不宜过快，食物不宜过热、过硬；不要经常食用腌制和熏烤的食品。

杜绝不良起居习惯。晚睡晚起、通宵熬夜，这是不健康的起居行为，要坚决杜绝。

减少错误的求医行为。生病后应及时就诊并配合医生治疗，不要找没有医师执业证书的人看病，不要盲目自行用药。

二、关注亚健康状态

1. 了解亚健康状态

“胃口不好”“失眠”“说不出的不舒服，但就医又检查不出原因”“常感到不开心”“情绪烦躁、紧张、不能集中注意力”“敏感，经常与人发生不快”，当你或身边的人出现上述情况时，很可能已处于亚健康状态，这些都是身体发出的“要关注健康”的警示信号。

亚健康状态，是生理或心理处于健康与患病之间的低质量状态与体验，也称“灰色状态”。有专家认为，我国符合世界卫生组织关于健康定义的人群只占总人口数的 15%，有 15% 的人处在疾病状态中，剩下 70% 的人处在亚健康状态。亚健康状态多种多样，几乎每种疾病都可能有与之相近的亚健康表现。关注亚健康，就是把 70% 的亚健康人群争取到健康队伍中来。

2. 探寻亚健康起因

处于亚健康状态的人群通常没有器官、组织、功能上的病症和缺陷，但是自我感觉不适，疲劳乏力，反应迟钝、活力降低、适应力下降，经常处在焦虑、烦乱、无助的状态中。探寻起因，与我们的生活习惯、社会环境、心理状况等密切相关。

导致亚健康的因素	起因分析
生活因素	不良的饮食习惯、卫生习惯及行为习惯等
社会因素	面对激烈竞争，压力增加；与人交流不畅，情感淡漠；出现信任危机，情感孤独；社会发展迅速，无法适应
环境因素	噪声、雾霾、辐射等带来的影响
心理因素	自我要求，自我加压，导致精神高度紧张；自我封闭，不善表达，内心情绪无法舒缓

3. 远离亚健康

亚健康状态是疾病的前奏。积极地调整和干预，能最大限度帮助我们走出困境。例如，在生活习惯上，要注重健康饮食、规律作息、张弛有度、保持充足睡眠、戒烟限酒等；当出现心理不适时，要学会适当宣泄、自我警示、缓解压力等。当然，积极的体育锻炼也是走出亚健康的有效途径。

三、谨防职业健康风险

拓展阅读

2023 年 4 月 25 日至 5 月 1 日是第 21 个《中华人民共和国职业病防治

法》宣传周。2023 年《中华人民共和国职业病防治法》宣传周活动主题是“改善工作环境和条件，保护劳动者身心健康”。活动以习近平新时代中国特色社会主义思想为指导，全面贯彻落实党的二十大精神，深入学习贯彻习近平总书记关于卫生健康工作的一系列重要论述和重要指示批示精神，贯彻落实中共中央、国务院关于职业病防治工作的决策部署，以宣传落实《中华人民共和国职业病防治法》和《国家职业病防治规划（2021—2025 年）》为主要内容，普及职业病防治和职业健康知识，进一步推动落实用人单位、政府有关部门和劳动者的责任，立足新发展阶段，贯彻新发展理念，营造全社会关心关注职业健康的文化氛围。

1. 职业病危害

职业病是指企业、事业单位和个体经济组织等用人单位的劳动者在职业活动中，因接触粉尘、放射性物质和其他有毒、有害因素而引起的疾病。职业病危害因素包括，职业活动中存在的各种有害的化学、物理、生物因素以及在作业过程中产生的其他职业有害因素。职业病危害因素分为 6 大类：粉尘，如水泥或木粉尘；化学因素，如锰及其化合物；物理因素，如噪声、高温；放射性因素，如电离辐射；生物因素，如布鲁氏菌；其他因素，如井下不良作业条件等。

《职业病分类和目录》中共列出了 10 类 132 种职业病，包括职业性尘肺病及其他呼吸系统疾病、职业性皮肤病、职业性眼病、职业性耳鼻喉口腔疾病、职业性化学中毒、物理因素所致职业病、职业性放射性疾病、职业性传染病、职业性肿瘤及其他职业病。例如，金属烟热，井下工人滑囊炎，刮研作业人员股静脉血栓综合征、股动脉闭塞症或淋巴闭塞症。

2. 职业病的预防

在日常工作中，如果出现作业场所不符合职业卫生要求、存在职业病危害因素或者劳动者作业方式不合理或缺乏自我保护意识，没有正确使用劳动防护用品等情况都极易引发职业病或者工作相关疾病。

劳动者要积极学习职业健康基本知识，践行健康工作方式和生活方式，主动防范职业病和与工作相关疾病发生的风险，提高维护和促进自身健康的意识和能力，才能使自身职业健康素养不断提升。提升职业健康素养水平，对于保护劳动者全面健康乃至维护全民全生命周期的健康至关重要。

拓展阅读

劳动者在日常工作中如何预防职业病

1. 树立职业健康安全理念。

2. 主动参与岗前培训学习，掌握现场急救知识和急性危害的应急处置方法，能够做到正确的自救、互救。

3. 遵守职业健康规程。

4. 培养良好的操作行为。

5. 熟知职业病危害警示标识的含义。

6. 正确使用和维护劳动防护用品。

7. 主动接受职业健康检查。

特别提示：《中国劳动者职业健康素养——基本知识和技能（2022 年版）》，从职业健康法律知识、职业健康保护基本知识、职业健康保护基本技能以及健康工作方式和行为等 4 个方面给予劳动者更全面的指导。

四、培养健康生活意识

1. 健康生活从自我健康管理做起

2019 年《国务院关于实施健康中国行动的意见》印发，提出了“实施健康中国行动，提高全民健康水平”的健康纲领。“倡导健康文明生活方式”是其重要内容之一，合理膳食、科学运动、戒烟限酒、心理平衡等都是健康生活方式的标志，这也是“健康中国行动”的现实落脚点。

世界卫生组织发现影响健康的因素中，生物学因素占 15%、环境影响占 17%、行为和生活方式占 60%、医疗服务仅占 8%。可见，行为和生活方式在各项影响健康的因素中比重最大，也是最能够自主选择和控制的一项因素。健康的生活方式是指有益于健康、习惯化的行为方式，如：生活作息规律、一日三餐营养均衡、日常适量运动、不吸烟、不酗酒，心态积极健康等。

人人都是自己健康的第一责任人，管理好自己的健康，才能管理好自己的人生，才能提升社会的健康水平，支撑起朝气蓬勃的健康中国。

2. 提高健康意识从重视体检开始

很多人都是生病后才想起去医院治疗，对平时身体发出的健康危机信号从不理会，殊不知很多大病正是由这些被忽视的小病引起的。

健康体检是一种自我保护方式，它可以变被动看病为主动检查，变消极治病为积极防病。一般来说，一年一次的常规体检能帮助我们全面了解身体状况，发现身体隐患及所处状态，警示我们改善不良生活习惯，做到早发现、早治疗。就此而言，体检的意义远远大于疾病治疗。

3. 积极应对突发公共卫生事件

突发公共卫生事件是指突然发生，造成或者可能造成社会公众健康严重损害的重大传染病疫情、群体性不明原因疾病、重大食物和职业中毒以及其他严重影响公众健康的事件，如新型冠状病毒感染疫情（曾用名：新型冠状病毒肺炎疫情）。我国于2003年5月就正式颁布了《突发公共卫生事件应急条例》，为有效预防、及时控制和消除突发公共卫生事件的危害，保障公众身体健康与生命安全，维护正常的社会秩序提供了重要的法规支持。作为劳动者个人，面对突发公共卫生事件，我们应该如何应对呢？

（1）建立危机意识，提高对突发公共卫生事件的防范。通过官方或正规渠道获取事件信息，正确分析并按要求落实。切不可轻易相信所谓“小道消息”。

（2）科学防护，做自己健康第一责任人。首先，在日常生活中要注重健康文明生活习惯的养成，做到合理膳食、规律作息，培养健康绿色环保生活方式；其次，要按照专家的指引，时刻注意个人防护，保持安全距离，养成“戴口罩、勤洗手、多消毒、常通风”等良好卫生习惯，只有保护好自己，才能更好地保护家人，为社会服务。

（3）据自身工作性质和特点，在政府或专门机构的统一指挥调度下，主动参与突发公共卫生事件的应急处理、社会（志愿）服务，实施自救互救等。

（4）配合做好事件舆论宣传和引导，对不实信息做到不信谣、不传谣，营造良好健康的社会氛围。

拓展阅读

特别重大突发公共卫生事件

突发公共卫生事件往往根据事件性质、危害程度、涉及范围划分为特别重大、重大、较大和一般四级。目前认定的特别重大突发公共卫生事件主要包括以下几类。

1. 肺鼠疫、肺炭疽在大、中城市发生并有扩散趋势，或肺鼠疫、肺炭疽疫情波及 2 个以上的省份，并有进一步扩散趋势。

2. 发生传染性非典型肺炎、人感染高致病性禽流感病例，并有扩散趋势。

3. 涉及多个省份的群体性不明原因疾病，并有扩散趋势。

4. 发生新传染病或我国尚未发现的传染病发生或传入，并有扩散趋势，或发现我国已消灭的传染病重新流行。

5. 发生烈性病菌株、毒株、致病因子等丢失事件。

6. 周边以及与我国通航的国家和地区发生特大传染病疫情，并出现输入性病例，严重危及我国公共卫生安全的事件。

7. 国务院卫生行政部门认定的其他特别重大突发公共卫生事件。

五、走出健康生活误区

在人民生活水平日益提高的今日，人们对身心健康的重视程度也在不断提高，但错误的健康认知会导致你离健康的目标越来越远。因此，让我们主动抛弃以下不正确的观念，走出健康误区吧。

1. 年轻就是健康的资本

很多人总是以年轻为理由，任意透支自己的健康。例如，沉迷网络游戏，吸烟、酗酒，长期熬夜，暴饮暴食，忽视身体健康，这些都在不同程度上引发身体疾病甚至会导致突发死亡。无论何人，如果年轻时不注重健康，一味地挥霍透支，那么中年以后可能就会罹患多种疾病。

有一个著名的比喻：若用10 000……来比喻人生，则1表示健康，0表示拥有的事业、金钱、地位、家庭……，但如果没有前面的1，不管后面有多少个0，最终都是0。也就是说，如果没有一个健康的身体，一切美好都将失去意义，年轻和自我感觉良好，都不是可以挥霍健康的理由。

2. 工作时间决定了工作绩效

我们通常认为工作时间长，任劳任怨，更易取得业绩。事实上，工作效率较高的人往往是那些看起来“工作毫不费劲”的人。对工作效率高的人进行观察，你会发现，他们知道什么时候该工作，什么时候该休息，而每工作一段时间后的休息，能帮助他们获得更高的工作效率。

会休息的人才会工作。会休息能保证我们拥有旺盛的精力和足够的体能，更有利于从容地应对摆在自己面前的工作，可以持续性实现设定的职业生涯目标。敬业、奉献是我们应具备的基本职业素质，但如果不会处理工作与休息的关系，或过分强调工作而忽视身体健康，那么从长远角度看，都不利于我们职业生涯的发展，都将阻碍我们职业目标的实现。

3. 敏感、不善交流，只是性格内向

我们在关注自身心理健康的同时，还应有意识地关注身边的朋友，一旦自己或身边朋友出现身心亚健康状态，就要及时调整或加以治疗。例如，通过适当宣泄、培养兴趣爱好等转移情绪；通过自我警示、积极参加运动等方法应对不良情绪，实现自我调节，缓解身心亚健康状态，及时回到健康的轨道上。

典型案例

同事们为什么疏远小罗？

小罗，20岁，出生在一座小镇，特别向往大城市的生活。他经过基本的准备后，千里迢迢来到上海一家企业工作。本以为凭借焊工的基本技能可以顺利地开始自己的职业生涯，殊不知，单一的工作内容、紧张的工作时间及周围不熟悉的环境氛围，让身处异地他乡的小罗始料未及。宿舍、餐厅、车间三点一线，休息时间就是睡觉、看手机，偶尔逛街，也因囊中羞涩感到自己与繁华都市格格不入，初来乍到的热情渐渐磨灭，伴随而来的是情绪低落、工作抵触、注意力不集中。常因小事计较，迷茫、孤独、疲惫似乎成为小罗的常态。同事们也因为觉得小罗性格孤僻、不好打交道而渐渐疏远他。

案例分析

“常感到不开心”“情绪烦躁、紧张、不能注意力集中”“有意回避社交”“敏感，经常与人发生不快”“常为小事与人发生争执”……，当你或身边的人出现上述情况时，有时我们会单纯地认为是性格内向所致，而忽略其可能面临的困难或遇到的生活挫折。这时如果能主动关心、及时沟通，寻求或予以帮助疏导，则会使自己或能够帮助他人积极调整，正确面对困境。反之则会体现到身体、心理等各方面，大大影响健康。

小结与思考

人民健康是民族昌盛和国家强盛的重要标志，实施健康中国战略是以习近平同志为核心的党中央立足于坚持和发展新时代中国特色社会主义而作出的一项重要战略安排。作为新时代技能劳动者，应将自身健康幸福与国家建设发展紧密联系在一起，让我们从树立正确的健康观、加强身心健康管理及疾病预防做起，建成健康中国，实现我国发展的总体目标。

以下问题值得我们探究与思考。

1. 思考并分享自我健康管理的方法、经验或生活事例。

2. 正确的健康观在增强技能劳动者的成就感、获得感、动力感，培育健康的社会心态方面有哪些积极作用？

第2节 培养科学健康的工作生活方式

情景导入

在下面的工作情境中，是否有你的身影?

1. 工作时需要的工具或材料经常找不到，导致心情烦躁。

2. 每天上班总是很忙，但既定的工作计划又总是完不成，导致工作延误。

3. 每天都被一些小事缠绕，打乱工作节奏，致使工作效率大大降低。

4. 作息不规律，导致工作时倍感疲倦。

5. 工作太累，主要的休息放松方式是看手机。

6. 每天很忙，总感觉时间不够用，但工作成效却不明显。

7. 常常把工作拖延到最后时间才完成。

问题导入

结合以上现象及自身实际进行剖析，分析现象折射出的问题，思考科学的工作方式应该呈现出什么样的状态。

核心要素

6S 管理

时间管理

健康生活习惯

一、来自 6S 管理的规范与安全

1.6S 管理的内涵

6S 管理兴起于日本企业，即整理、整顿、清扫、清洁、素养、安全 6 个以 S 开头的单词，是指在生产现场中对人员、机器、材料、方法等生产要素进行有效管理，是一种独特的管理方法。它针对每位员工的日常工作行为提出要求，倡导从小事做起，力求使每位员工都养成事事“讲究”的习惯，从而达到提高整体工作质量的目的。其 6 个 S 之间的相互关系如下图所示。

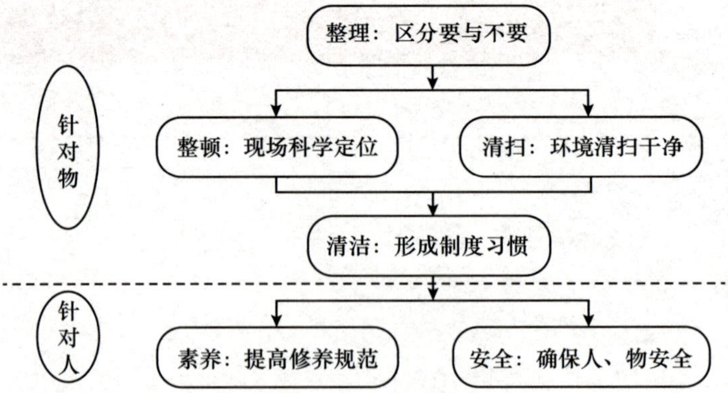

6S 管理关系图

从 6S 管理关系图中我们可以看出，6S 管理的内涵就是将现场形式化的标准，通过制度加以强化，达到培养员工形成良好的工作习惯的目的。作为员工，贯彻执行 6S 管理制度，是岗位要求，更是培养科学健康的工作生活方式的手段。

2. 用 6S 管理打开正确工作方式

典型案例

是什么影响了小王的职业发展？

小王毕业后经招聘进入浙江省某装备制造企业工作。经过入职管理制度及岗位安全培训后，小王很快被安排到加工中心操作工岗位，由经验比较丰富的李师傅“传帮带”，熟悉并进行轮毂产品的加工。李师傅是企业的技能标兵，在见到李师傅之前，小王已经从企业文化墙了解到了李师傅的事迹与荣誉，心里很庆幸能跟着这样的师傅开启自己的工作之旅。小王在学校是比较细心和肯钻研的学生，工作后更是善于观察，他在与李师傅近距离接触的时候，在赞叹李师傅高超的技术水平外，更佩服李师傅坚持的工作习惯。李师傅每天总会提前 10 分钟来到工位，换上干净的工装、检查工位周边环境、对设备进行点检；根据工作看板领取工作物料并摆放；按照产品加工要求摆放使用的刀具、量具等。由于准备工作到位、工位布局合理、摆放有序，李师傅的工作效率总是很高，加工的产品也很漂亮；工作结束，李师傅将设备、工位清扫干净，工量具即时复位。工作间隙，李师傅还不断琢磨研究影响产品成本、质量的因素，并努力探索改进完善外部环境的方法，为企业创造了价值。同时，李师傅在工作中的表现，在车间中形成了强大的带动效应，也形成了良好的团队工作氛围。

反思自己的初始工作状态，小王找到了差距。他更多地想展示自己的技能水平，而忽略了与产品息息相关的重要因素，设备点检不到位，导致设备故障；工具物料摆放不合理，影响加工效率；工件未按要求摆放，致使生产出废品；甚至工作服清洗不及时，破坏个人形象，影响自己的心情等，而这些最终都反映到工作效率和产品质量上。

案例分析

在6S管理中，素养的内涵就是要求每一个员工都能依照企业的规定和制度行事。养成良好的工作习惯，培养积极进取的精神，这是一个基本要求，也是职业健康发展的保障。若人人以6S管理方式开展工作，会让我们更有职业的尊严和成就感，从而带动工作优化改善，获得职业认同感，才更有可能健康高效工作并持之以恒。

员工作为企业的核心，是贯彻落实制度的主体。作为新时代技能劳动者，以6S管理为规范，养成健康良好的工作习惯，能最大程度提高企业形象、提升自己的归属感，在减少浪费、降低成本、提高生产效益等方面发挥积极作用。

拓展阅读

随着企业管理的不断优化，部分企业在原有6S管理的基础上增加了节约、学习，构建形成8S管理制度。

节约：旨在培养员工物尽其用，养成降低成本的习惯，培养作业人员减少浪费的意识。

学习：从书本或他人处获取知识和技能，完善自我，提升综合素质，让员工有更好的发展，从而带动企业产生新的发展动力并具备应对未来可能的竞争和变化的能力。

二、当好时间管理大师

1. 什么是时间管理

时间管理是指通过事先规划并运用一定的技巧、方法与工具实现对时间的灵活高效运用，从而实现个人或组织的既定目标。就个人而言，其本质是一种个人的作业计划，指导我们学会管理时间，增强个人能力，提高工作效率。

典型案例

时间管理与工作效率的博弈

小张是车间里的一名班组长，按照既定工作日程，他有两项工作要做。一项是处理一大堆琐碎又重要的事情：提交新员工培训计划、进行现场作业控制管理、进行例行安全检查、向上级汇报下一阶段生产调度。另一项是要解决一个重要而富有挑战性的技术问题，这个需要他和其他人一起分析讨论并解决。对于这个问题，由于正好是小张擅长的领域，因此他非常有把握。小张带有两个徒弟，他们都能做好第二项工作，原则上小张可以让他们中的任何一个人去完成，而琐事只能小张自己处理，并且小张只有完成两项工作中一项的时间。如果你是小张，你决定如何安排工作？请从下列选项中做出选择，并进行分析。

1. 选择先处理技术问题，希望稍后能挤出时间处理那些琐事。

2. 选择先处理那堆琐事，让自己的一个徒弟来解决那个重要的、有挑战的技术问题。

3. 把那堆琐事按照是否要紧且要亲自处理划分出来，集中精力先行处理要紧的事情，其余事情在允许的前提下安排一个徒弟处理；另一个徒弟着手解决那个重要的富有挑战的技术问题，并建立及时汇报沟通机制。

案例分析

科学的时间管理，目的是让工作效率达到最大化。显然第 3 选项的做法使工作效率更高，加上有效的沟通，小张能及时完成并掌握各项工作的进展情况，富余出的碎片化时间还能规划其他事情。同时，作为师傅能够给予徒弟更多锻炼和成长的机会，使团队的整体能力得以提升，服务企业的能力更强。

作为新时代技能劳动者，只有做好自己的时间管理大师，才能在自己的工作岗位上多学、多干、多思，将行动能力、计划能力和反思能力内化，发挥优势并持续提升自己。

2. 时间管理的方法和技巧

“合理安排时间，就是节约时间。”对于劳动者而言，认真做好时间管理，是为了探索如何减少时间浪费，更有效地完成既定目标。由于时间具有供给毫无弹性、无法蓄积、无法取代、无法失而复得 4 个特性，所以时间管理的对象不是时间，而是面对时间而进行的“自我管理”。可以从以下几方面入手做好时间管理。

（1）列出工作清单。聚焦工作重点，将工作计划以清单的形式列出，排出轻重缓急，按照主次顺序及时落实。

（2）能做的马上做。对于一些简单而无须占太多时间的事情，能做的一定要立即去做，避免积少成多，以后反而消耗更多精力。

（3）加强自我检查。按照策划、实施、检查、处置或改进，4 个阶段开展工作。每天上班前，制订工作计划，下班前再进行回顾，检查哪些地方可以改善，进一步提高工作效率。

（4）学会委婉拒绝。遇到同时需要处理的任务，要区分事件的重要性和必要性，学会合理安排、适当说“不”，让自己有更多的时间完成有效的工作。

（5）善于利用碎片时间。随身带上小笔记本，或运用手机等电子设备，在等车、等人或路途上等碎片时间，处理一些简单的事情。

抛弃陋习，引进新的工作方法、生活习惯，配合持之以恒的自我约束，能够提高效率，达到事半功倍的效果。当然，除工作之外，我们还需要把时间管理运用到学习、生活等各个方面，如亲近的夫妻关系、和睦的亲子关系、密切的朋友圈子，还有自己的身体与心理健康……幸福的来源都需要你用时间、用心去经营，这样才能让工作更有绩效，学习时间更加充裕，生活变得更丰富多彩。

拓展阅读

四象限工作法则

四象限工作法则是一种高效时间管理法，其核心是按照工作的轻重缓急，将工作按照紧急又重要、重要非紧急、紧急非重要、非重要非紧急的顺序划分优先级，以要事优先原则开展工作。四象限工作法则坐标图见下图。

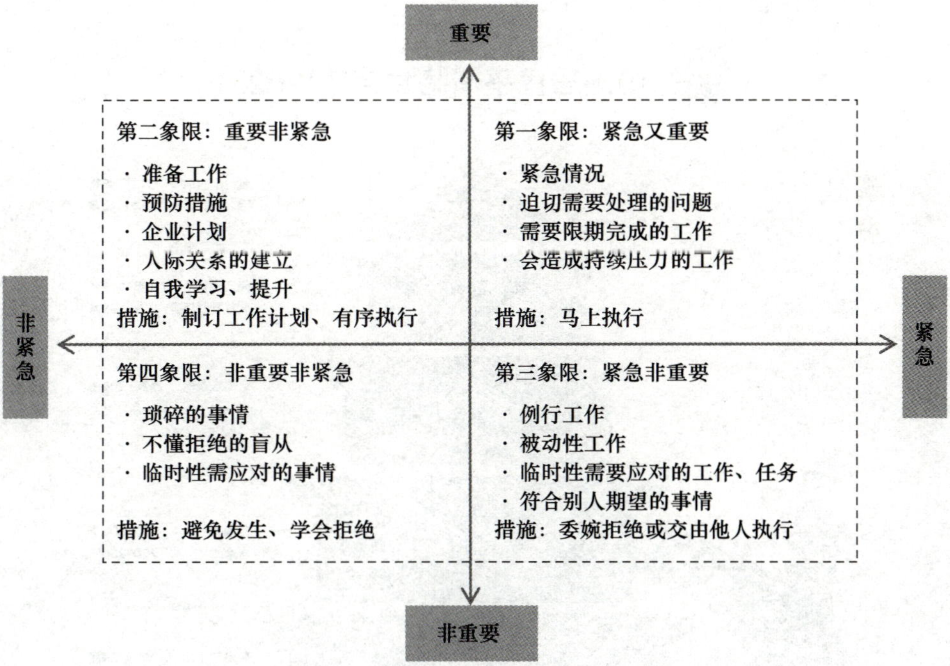

四象限工作法则坐标图

三、身体是革命的本钱

健康是人类永恒追求的主题，是一种理念，也是一种生活态度。“身体是革命的本钱”出自伟大领袖毛泽东同志，意指从事革命事业的前提是必须要有良好的体魄。党的十八大以来，党和国家更加重视全民健康。2016 年 8 月，全国卫生与健康大会召开，同年 10 月中共中央、国务院印发了《“健康中国 2030”规划纲要》。健康已经上升为国家战略和全民共识，培养健康的生活方式也成为“中国公民健康素养”的基本技能。

1. 科学饮食，吃出健康

（1）三餐科学，保证营养。合理膳食，是健康的基础。古人云，“五谷宜为养，失豆则不良；五畜适为益，过则害非浅；五菜常为充，新鲜绿黄红；五果当为助，力求少而数；气味合则服，尤当忌偏独；饮食贵有节，切切勿使过”，用现代营养学的观点来看，即营养全面，比例合理，均衡膳食。中国营养学会根据中国居民膳食指南，绘制了“中国居民平衡膳食宝塔（2022）”，指导公民日常三餐饮食搭配。

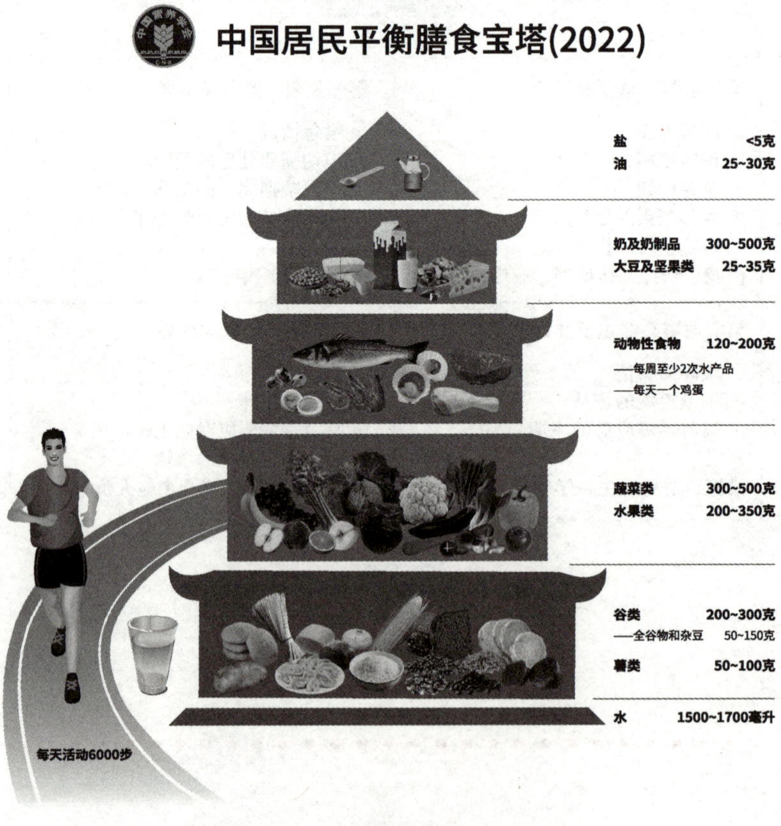

中国居民平衡膳食宝塔（2022）

健康饮食的 8 条准则是：食物多样，合理搭配；少盐少油，控糖限酒；吃动平衡，健康体重；规律进餐，足量饮水；多吃蔬果、奶类、全谷、大豆；会烹会选，会看标签；适量吃鱼、禽、蛋、瘦肉；公筷分餐，杜绝浪费。

拓展阅读

如何选择早餐

一日之计在于晨。对于劳动者来说，一日三餐中，早餐很重要，可以很好地为机体提供能量，也为上午的工作保证了精力。从健康的角度出发，晨起一杯水，补充睡眠消耗的水分；早餐应选择易消化，纤维质含量高、低脂低糖的食物，如粥、牛奶、豆浆、面条、馄饨等，不宜进食油腻、煎炸、干硬以及刺激性大的食物，也不宜吃得过饱，应确保营养均衡。

如何选择外卖

尽量选择食材种类丰富的外卖食品，最好搭配有蔬菜和水果。选择“轻口味”的食品，避免高盐、高脂、高能量。不要长期点一家外卖或一个外卖品种，建议经常调换。如果可以，可与别人互相分享外卖，这样食材品种可以丰富一些。如果担心维生素、矿物质摄入不足，可以适当增加复合维生素矿物质补充产品。

（2）告别不良饮食习惯。不良饮食习惯是人们在日常生活中逐步养成的，这些不科学、不规律、不合理的饮食习惯，极易引发身体疾病，必须及时纠正。

常见不良饮食习惯	易产生的后果	改进建议
进食速度太快	加重肠胃负担，易消化不良，易致肥胖	放慢咀嚼速度

续表

常见不良饮食习惯	易产生的后果	改进建议
晚餐吃得过多	易积累脂肪导致肥胖；破坏人体正常生物钟，易失眠	晚餐宜早吃、偏素食、七分饱
吃得过咸	增加高血压、胃癌等发病风险	使用量勺，控制食盐摄入量 6 克 / 日
餐后吸烟	烟中有害物质更易进入体内，加重对健康的损害	戒烟
饮水不足	诱发心脑血管疾病，影响肾脏代谢功能	日饮水 1 700 毫升（8 杯），少量多次；饮用白开水、矿泉水、淡茶水为宜
饮酒过量	导致肝脏受损，影响生殖、泌尿系统；酒驾危及生命	少喝或不喝

典型案例

现代生活节奏下的不良饮食习惯

24 岁的小陈突然腹部剧烈疼痛、并伴有恶心症状，来到医院就诊后，消化内科副主任医师王医生接诊了小陈。经过医生诊断，小陈患的是重症胰腺炎。肾内科专家经过会诊，及时为小陈实施了血液净化治疗，他的病情才得到了有效控制。

后经医生了解，接诊当天，小陈和几个同事聚餐，吃麻辣烫和烧烤，喝了不少酒和饮料。因为工作原因，小陈平时一日三餐非常不规律，吃快餐、点外卖成为常态，解渴几乎全部靠饮料，尤其爱喝碳酸饮料。医生分析说，小陈患病的诱发因素是高甘油三酯血症，同时他还存在严重的糖尿病、重度脂肪肝，这些都与平时饮食不节制、不科学，缺少运动等不良生活习惯有密切关系。

案例分析

小陈的现象并非偶然。随着时代变迁，生活节奏加快，“实在忙，没时间做饭”“吃外卖简单省力”“不会做饭”……，各种现象造成了人们就餐习惯的变化，这也在一定程度上影响了大家的健康生活。为了身体健康，大家应关注饮食均衡营养。工作之余，自己动手和家人一起下厨、共享美食，也是一件非常幸福的事。

2. 坚持运动，促进健康

俗话说“生命在于运动，运动贵在坚持”。适量的运动能让我们的饮食与身体结合得更好，更健康。2019 年，国务院办公厅印发《体育强国建设纲要》，党的二十大报告中更是提出到 2035 年要建成体育强国，可见提升全民身体素质已经成为落实国家发展战略的重要目标。

（1）选择合适的运动方式。我们常说的运动一般指体育锻炼。选择什么样的运动方式应取决于自己的身体特质及工作生活特点。

有氧运动是我们最常见的运动方式，如慢跑、步行、骑自行车、游泳等，能够帮助我们消耗体内脂肪、增强心肺功能、控制体重并调节心理和精神状态。对于大多数人来说，其运动强度、节奏、持续时间均容易把握。另外，根据个人喜好，还可以选择通过器械等进行的力量锻炼，通过瑜伽、屈曲、伸展等进行的柔韧性锻炼，也可以进行一些平衡练习。

拓展阅读

身体锻炼安全注意事项

1. 锻炼前应先做些伸展运动，锻炼开始后逐渐增加用力。

2. 根据天气和身体情况调整当天的运动量。

3. 运动后不要立即停止活动，应逐渐放松。

4. 出汗多、日照强烈时应适时补水和补盐。

5. 运动中如果出现持续的不适，应停止活动及时就医。

6. 步行、跑步应选择安全平整的道路、合适的鞋袜。

（2）把握适宜的运动强度。要想获得健康效益，日常锻炼要达到一定的强度。运动的频率、强度、持续时间这 3 个要素要注意把握适度原则。

1）运动频率。运动的频率一般建议每周至少 3 次，运动要坚持，并循序渐进。偶尔一次大量剧烈运动不仅不能达到保持健康的目的，反而有损健康。

2）运动强度。有氧运动一般应达到中等强度，即运动心率必须达到本人最高心率的 60%~70%，最高心率参考值为 180（强壮）或 170（正常或偏瘦）。

3）运动时间。每天锻炼应尽可能安排在同一时间，这样可以养成良好的运动习惯。每天运动时间宜为 30~60 分钟。饭后一小时和睡前一小时不能运动锻炼，否则会影响消化和睡眠。

其实，开始运动并不难，真正难的是坚持。选择自己喜欢的多种运动、约朋友一起运动、利用上下班途中或工作之余运动都可以培养运动意识和习惯。另外，在 5G 时代，利用智能手机或手表还可以设定运动目标、记录运动过程，并与好友进行运动数据排名，激发运动的积极性。

小结与思考

党的二十大报告强调要“深入开展健康中国行动和爱国卫生运动，倡导文明健康的生活方式”。将科学的工作方法应用在工作实践中能够取得更好的工作绩效，推动个人发展；将科学健康的生活方式应用于日常生活和行为中，能促进个人身体、心灵健康，精神世界愉悦。两者相互融合、相互促进。

以下问题值得我们探究与思考。

1. 如何理解“时间浪费是指对目标毫无贡献的时间消耗”?

2. 尝试回顾并记录一周的工作生活，运用四象限工作法则分析思考，是否能够当好自己的时间管理大师，列出改进措施。

第3节 养成良好的卫生习惯

微故事导入

抗疫的法宝：培养良好的卫生习惯

新型冠状病毒感染疫情防控期间，走进某小区，在公告栏中可以看到这样一份温馨提示：“为了您和他人的健康，请自觉保持良好的卫生习惯；公共场所不随地吐痰；咳嗽、打喷嚏时自觉用纸巾遮掩；带宠物外出时及时清理宠物粪便。”“通过温馨提示，引导小区内更多住户从细节入手，从日常做起，自觉讲究卫生，关爱自己及家人的健康”，小区物业的马经理道出了此举的初衷。小区住户李先生对物业的卫生提示持赞同态度，他说：“疫情防控期间，人们普遍有了勤通风、勤洗手、不聚会、少串门、戴口罩的共识。各地各部门给出的‘口诀’‘指南’，既是阻断病毒传播的科学方法，也包含有益于身心健康的生活习惯，我们一家人正以此为契机，对个人卫生习惯进行重塑。”市卫健委一位工作人员则谈道，“从卫生氛围濡染方面来讲，可以结合当前开展的家风家教活动，引导更多家庭不仅要灵活传承‘黎明即起，洒扫庭除’之类的古训，还要做到‘讲究个人卫生，顾惜他人健康’。同时，也可以结合各地开展的文明城市、文明家庭、文明单位、文明窗口评选活动，使更多的人践行良好卫生行为”。

故事分析

自2020年新型冠状病毒感染疫情发生以来，在以习近平同志为核心的党中央坚强领导下，全国人民同舟共济、众志成城，疫情防控取得显著成效。在疫情防控一线，医务人员秉承“生命至上、举国同心、舍生忘死、尊重科学、命运与共”的抗疫精神冲锋在前，竭力守护人民的生命健康。对于普通人而言，增强健康理念、提升疫情防控知识水平、提高文明素质和自我保护能力，是抵御疫情的有效方式。良好卫生习惯看似是个人私事，其实不仅关乎个人文明素质，某种程度上，它更关系到公共卫生安全。

问题导入

疫情防控给你的生活卫生习惯带来了什么样的改变和思考？你通过什么样的渠道获得健康资讯？

核心要素

良好卫生习惯

正确的健康知识

常用卫生技能

一、个人卫生彰显品质

1. 个人卫生是细节的体现

“天下难事，必作于易；天下大事，必作于细。”良好的卫生习惯能从对自身形象的管理，对所处环境的清理、清洁、整理、整顿等方面，体现出个人对生活、工作中细节的关注与把握，彰显出个人品质，这是一种要求，更是一种能力。

典型案例

良好卫生习惯能促进个人发展

小张是南方某企业的一线操作工。就个人形象而言，他虽然身材不高，但给人的总体印象却十分干练，发型干净利落、工装整齐合体、工作时的工位也整理得井井有条。在企业培养班组长时，小张从一批候选人中脱颖而出。分厂人力资源负责人在评价时说："这位员工做班组长应该没问题，因为之前他的综合表现一直不错，尤其是个人卫生习惯很好。在提交的资料及调查反馈中，我们获悉，小张所在宿舍也十分干净整洁，多次被评为优秀宿舍。有良好卫生习惯并坚持得很好的人，一定是个注重细节的人，相信他能够胜任班组长工作。"后续的事实证明，小张的工作确实没有让大家失望。

案例分析

古语说得好，"一屋不扫，何以扫天下"。个人卫生习惯在一定程度上会影响他人对其印象的判断，形象邋遢的人总会使人缺乏对其的基本信任。当我们养成良好个人卫生习惯时，也会逐步建立关注细节的意识和行为，展现出良好个人素养与品质，即"于细微之处见精神，在细节之间显水平"。

2. 个人卫生是礼仪的要求

就个体而言，良好的卫生习惯，不但有益于预防疾病，还能够保持身心健康。不管长相多好，服饰多华贵，若满脸污垢，浑身异味，那必然破坏一个人的美感。因此，每个人都应该养成良好的卫生习惯，做到早晚刷牙勤漱口，经常洗头又洗澡，讲究梳理勤更衣。不要在人前剔牙、挖鼻孔、修指甲等。与人谈话要保持一定距离，不要声音太大，不要口沫四溅。

清洁卫生是仪容美的关键，是礼仪的基本要求。良好的仪容仪表能够体现个人的修养和素质，有利于建立自信；在工作生活及职业交往中，能够增强别人对自己的好感；在社会工作交往中，能够体现对他人的尊重，是我们应遵循的基本礼仪。

拓展阅读

食品生产企业员工个人卫生管理基本规定

一、工装

1. 所有进入工作区的人员必须着工装。

2. 下班后及时更换服装。

3. 工装干净整洁，无油垢物，纽扣无脱落。

二、仪容仪表

1. 头发：男员工不得留长发、胡须、鬓角。女员工头发前不遮眼、后不盖肩，长发要盘头，碎发不许漏出工作帽或头巾外。头发干净无头屑、无异味。

2. 指甲：勤剪指甲、不涂指甲油。

3. 饰物：男女员工均不佩戴饰物，包括戒指、耳环、项链、手镯等。

三、行为

1. 勤洗澡、勤换衣服。

2. 早晚刷牙、饭后漱口。

3. 工作前、便后及接触不洁物品后，用洗手液洗手。

4. 工作时不能抓头、挖耳、抠鼻。

5. 进入工作区必须戴口罩。

6. 不得随地吐痰。

“不积跬步，无以至千里；不积小流，无以成江海。”良好的卫生习惯事情虽小却是“天大的小事”。唯有从点滴小事做起，才能让良好的卫生习惯在全社会蔚然成风。

二、为健康生活护航

典型案例

微信朋友圈里的“健康养生”

有一段时间，北京某医院血管外科刘主任很郁闷。他发现，微信朋友圈里流传着一条虚假养生信息，主人公正是自己，但他却毫不知情。这条微信的标题是“某医院刘主任：一个可将血管壁清理得干干净净的方子，千金难求”。文章中称，刘主任建议将一些中药进行研磨，制成粉末，每天早晚各服用一勺，这样就能达到血栓即化、血管即通的神奇功效。更可怕的是，该造谣文章竟然拥有“10 万 +”的点击量。刘主任看到这篇文章，尤其是得知还有那么强大的传播力后，不禁感到担忧，害怕老百姓误信传言，上当受骗。

无独有偶，北京某医院的另一位专家近期也“中招”了。该院张教授是专门研究阿尔茨海默病的神经内科专家，微信朋友圈里大量转发着一篇打着她旗号的文章，称这位专家通过临床试验证实，每天伸舌头上百次，就能预防老年痴呆。诸如此类不负责任的信息大肆流传，如果患者信以为真，从而耽误了正规就医，后果将不堪设想。

案例分析

随着信息时代的来临，越来越多的人利用网络获取健康资讯。每天拿起手机，上上网、刷刷朋友圈，就会看到大量健康资讯，但其内容真假难辨。科学识别网络健康信息并为我所用是公民应具备的基本能力。查到了健康科普信息后，要对其正确地理解和利用。网络健康信息不能用于自我诊断或治疗，如果无法作出判断，最直接、最可靠的办法就是咨询专业人士或去医院就医。

1. 关注卫生健康信息

《中国公民健康素养——基本知识与技能》，是我国针对公民应该知晓的健康知识及健康行为规范编制的指导书。健康素养，是指个人获取和理解健康信息，并运用这些信息改变自己的行为，维护和促进健康的修养和能力。能够通过正规媒介关注健康信息，是每一个人应具备的基本能力。

（1）获取、甄别并应用健康信息。日常生活中，要有意识地关注健康信息。遇到健康问题时，能够积极主动地利用现有资源获取相关信息。对于各种途径传播的健康信息能够判断其科学性和权威性，不轻信、不盲从。优先选择政府、卫生健康行政部门官方媒体等正规途径获取健康信息，对甄别后的信息要能够正确理解，并自觉应用于日常生活，维护和促进自身及家人健康。

（2）看懂食品、药品标签、说明书。食品、药品与我们的生活息息相关，标签、说明书是我们了解食品、药品属性的重要渠道。关注其内容时，要重点关注 3 部分。一看相关许可证和批准文号，它相当于公民的身份证一样，未经过批准的食品、保健品和药品，不能随便乱吃。二看生产日期及保质期。过期的食品、药品从外观上很难区分，因此要注意查看生产日期及保质期。过期的食品、药品坚决不吃。三看储存条件。一定要按照标签上要求的条件去储存，如避光、冷藏等，不然食用后会损害健康。

1）食品标签。食品包装上面的标签，比较重要的有两部分：基本信息标签和食品营养标签，有的还包括食品营养特性的描述和声明。

基本信息标签，主要包括食品名称、配料表（按制作食品时配料加入量的递减顺序排列）、净含量、生产者或经销商、地址和联系方式、生产日期和保质期、储存条件、产品标准代号、生产许可证编号等内容。

食品营养标签，包括蛋白质、脂肪、碳水化合物和钠，这四种核心营养素以及能量属于强制标示内容。含量以 100 克、100 毫升或每份作单位。每种营养成分的含量占每日所需营养素参考值（NRV）的百分比要求在营养标签中标明。可根据营养素参考值更科学地调节饮食。

对食品营养特性的描述和说明，如能量水平、蛋白质含量水平等，某些产品中的“高钙”字样等就属于“营养声明”。

2）药品标签。药品标签分为内标签、外标签。内标签是直接印在瓶身或铝塑板上的。外标签是直接印在外包装上的。

非处方药（简称 OTC），相对来说安全性高，如果出现感冒、消化不良等症状可根据需要直接到药店购买。非处方药又分为甲类和乙类，分别标有红色和绿色 OTC 标记。甲类非处方药可以在药店、药房购买，并且需要药师的指导。乙类非处方药还可以在超市、宾馆、商店买到，其安全性更高，不需要药师的指导，按说明书使用即可。

3）看懂说明书。药品说明书能提供用药信息，是医务人员、患者了解药品的重要途径。看药品说明书，应重点关注以下几个方面。

【药品名称】【成分】【性状】【作用类别】这 4 项说的是药物的基本信息，方便使用者简单了解，自己使用的是什么药，都含有哪些成分，属于哪一类。

【适应证】【用法用量】【注意事项】【禁忌】这 4 项是说明书的关键，需要特别关注。

【不良反应】指的是使用药物以后可能会出现的不适情况。一般来说，并不是说明书上写了的都会出现，只是有出现的可能，使用药物后要注意观察，如果出现严重的不良反应要及时就医。

对于说明书上看不懂的内容，想要了解最好请教医生或药师。

拓展阅读

保健品不是“神药”

保健品是食品的一个种类，它是以保健为目的的，不可以用于治疗疾病。那么，应如何辨别真伪，不被“忽悠”，挑选到适合自己的合格保健品呢？

1. 看销售场所资质

到证照齐全的正规场所购买产品，特别要注意有没有营业执照和食品经营许可证。通过网络、会议、电视、直销和电话等方式购买产品，也应先行确认资质信息。

2. 看产品标志

要认准外包装上的保健食品标志，正规保健食品都有对应的批准文号。保健食品的标志为天蓝色专用标志，与批准文号上下排列或并列。不要购买标签上没有保健食品批准文号，但声称是保健食品的产品。若对购买的保健食品质量有所怀疑，可记下保健食品批准文号，在原国家食品药品监督管理局网站的数据库中查询。

3. 看包装标识

保健食品包装标识必须注明以下项目：保健食品名称；净含量及固形物含量；配料；功效成分；保健作用或保健功能；适宜人群、不适宜人群；食用方法；日期标示（生产日期及保质期）；储藏方法；执行标准；保健食品生产企业名称及地址；生产许可证号。不要购买无厂名、厂址、生产日期和保质期的产品；不要购买标签上没有食品生产许可证号的产品。

4. 注意产品的禁忌

保健食品只适宜特定人群调节机体功能时食用，因此要对症选购。选购时要详细查看产品标签和说明书，看看食用者是不是该产品的“特定人群”，或者是不是“不适宜人群”。

老年人、体弱多病或患有慢性疾病的病人、儿童（含婴幼儿）及青少年、孕妇乳母要谨慎选择。不要购买声称有疾病预防、治疗功能的保健食品。

5. 不以价格衡量保健食品效果

因为产品剂量、添加物质和品牌不同，保健品价格也不一样。如果你不需要更多的添加内容（如加钙等），那么选择功能少些、价格低些的保健食品就可以了。另外，不要相信效果宣传中声称的所谓百分比，如吸收率、沉积率、使用率、有效率、治愈率等。

2. 掌握常用卫生技能

日常生活中，掌握基本的卫生及急救技能，可以帮助我们更好地应对突发事件，提高自我健康防护的能力。

（1）六步洗手法。六步洗手法具体步骤：首先用水冲洗手，用洗手液或香皂打出泡沫，然后掌心相对，手指并拢揉搓掌心；接着双手交换沿指缝相互搓擦；掌心相对，双手交叉沿指缝相互摩擦；一手握着另一手大拇指旋转搓擦，两手交换进行；弯曲各手指关节，在另一手掌心旋转搓擦，两手交换进行；最后，搓洗手腕。

（2）创伤性出血的应急处理。有人受伤出血时，应立即止血，以免出血过多损害健康甚至危及生命。小的伤口只要简单包扎即可止血。对较大、较深的伤口，可以压迫出血上方（在四肢靠近心脏一侧）血管止血，例如利用止血带止血等。

（3）骨折伤员的应急处理。对骨折伤员进行急救时，在搬移前应当先固定骨折部位，以免刺伤血管、神经，不要在现场进行复位。如果伤势严重，应当在进行现场急救的同时，拨打 120 急救电话。

（4）烫伤的应急处理。做饭被油溅到或被开水烫伤后，应立即用凉水冲洗患处，抑制高温对皮肤的损伤，降低感染危险，然后用纱布包裹患处，保持其清洁和干燥。如果伤处起了水泡，切勿随意刺破，严重时要马上就医。

（5）120 急救电话的正确拨打。120 急救电话是我国统一的院前急救服务电话号码。遇到急救或突发事件时，正确拨打 120 急救电话，能确保医疗机构准确获得急救信息，做好应急准备。

拨通 120 急救电话，首先要讲清楚病人所在地的详细地址，如“××区××路××号”；说清楚病人需要急救的病情、伤情及病史等情况（如出现昏迷或摔倒），便于医护人员做好救护准备；报告呼救人的姓名及电话号码，保持与急救人员联系；如有多名伤员或中毒病人，应报告时间、缘由（如火灾、交通事故、毒气泄漏等），并报告伤员大致人数，以便于调配救护车辆，报告有关部门及通知有关紧急救援医疗机构。

小结与思考

良好的卫生习惯是一种养成，也是一种力量；获取和理解健康信息并科学运用，是一种方法，也是一种能力。2020 年以来的新型冠状病毒感染疫情给每个人都上了一堂深刻的防疫课和卫生习惯课，重视卫生教育、提高健康意识不能过后就忘、用过就扔，内化于心、外化于行才是关键。卫生习惯的养成，不只是营造健康的生活，也是塑造积极人生的需要；不只是巩固防疫成果，也是巩固社会进步文明成果的需要。

以下问题值得我们探究与思考。

1. 当遇到心搏骤停或气道异物堵塞病人时，应该采取怎样的急救方法？请利用网络媒体、视频资源，自学心肺复苏、海姆立克急救法的基本知识。

2. 没有全民健康，就没有全面小康，请思考如何将大健康的观念落实为日常的实际行动，以全面提高我们的健康素养。

第8章 履行我的义务，维护我的权益

第1节 法律在我心中

微故事导入

宪法可以给人温暖和力量

“如果仔细读宪法，就会发现它赋予了我们很多权利，这些权利可以帮助和保护他人。”重庆市司法局机关党委专职副书记、武隆区后坪乡白石村第一书记杨懿讲述了一个关于宪法使人重拾自信的故事。

“还不是因为他老汉，这个娃儿造孽哦！”2017年底，在武隆区后坪乡驻村扶贫的杨懿入户调查时发现，只要提到许鸿鹏（化名），村民们就会如此感叹。

原来，许鸿鹏小学五年级时，父亲因故意伤害罪被判无期徒刑。母亲离家出走，许鸿鹏跟爷爷奶奶一起生活，是村里的建档立卡贫困户。政府的扶贫政策能让这个家庭维持生活，孩子的教育也不是问题，但是爷爷奶奶对孩子的心理成长、志向形成却爱莫能助，需要有人对孩子进行精神引导和陪伴。

于是，杨懿常去看望许鸿鹏。与许鸿鹏聊天时杨懿发现，孩子心理负担很重，年迈体弱的爷爷奶奶、在服刑的父亲、出走的母亲、家徒四壁的房屋……“最难受的是，同学们歧视我，对我指指点点。”许鸿鹏抹着眼泪告诉杨懿，他讨厌自己有这样的父母，也不想留在家里读书了。过两年他准备去打工，补贴家用。

“鸿鹏，你知道吗？宪法规定了公民的基本权利，平等权是其中之一，任何人都应该被平等对待。”杨懿告诉许鸿鹏，每一个人在法律面前都是平等的，不能因为其出身、民族、经济情况以及父母而受到歧视。

杨懿经常耐心地辅导鸿鹏学习，也慢慢打开了他的心扉。许鸿鹏变了——他不再逃避同学们的异样眼光，因为他知道，自己和大家是平等的，这是宪法赋予他的权利。见到杨懿，他不再是毕恭毕敬地鞠躬叫杨书记，而是大方地喊着杨叔叔。2019 年，许鸿鹏小升初时，以全校第一名的成绩考上了武隆最好的初中。

在杨懿看来，宪法就像阳光和空气。当你真正理解它时，就会感到被保护的温暖和力量。

故事分析

“宪法是一张写满人民权利的纸。”宪法规定了我国公民的基本权利和义务，是我们每一个人权利和尊严得以实现的保障。实践证明，我国宪法的不断发展对党和国家事业发展具有重大指导和引领意义，对实现人民对美好生活的向往具有巨大的推动作用。

很多人认为宪法离我们很远，其实不然，宪法一直在我们身边。正是因为宪法的存在和施行，我们才得以在中国共产党的领导下，昂首阔步向着中华民族伟大复兴的中国梦迈进。

习近平总书记强调，“宪法的生命在于实施，宪法的权威也在于实施”。奋进新时代，踏上新征程，我们要更加自觉地尊崇宪法、学习宪法、维护宪法、运用宪法，烘托宪法至上的社会氛围，让宪法的阳光洒满中华民族伟大复兴的新征程！

问题导入

在全面建设社会主义现代化强国的新征程上，弘扬社会主义法治精神，加强宪法和法律实施，做到有法必依、执法必严、违法必究，形成人人不愿违法、不能违法、不敢违法的法治环境，才能激发劳动者的积极性和主动性，形成鼓励创新、尊重劳动、尊重知识、尊重人才、尊重创造的良好氛围。那么，技能劳动者应该如何做社会主义法治的忠实崇尚者、自觉遵守者、坚定捍卫者呢?

核心要素

法律

我国法律体系

宪法

契约精神

一、法律是什么

古往今来，很多人对“法律是什么”进行了探讨。马克思曾说过：“在民主的国家里，法律就是国王；在专制的国家里，国王就是法律。”法律是对社会实践经验的总结、提炼，因此，在不同的历史时期有着不同的含义。现代社会中普遍认可的法律是由享有立法权的立法机关依照法定程序制定并颁布，并由国家强制力保证实施的基本法律和普通法律的总称。因此，法律具有权威性、强制性、约束性和普遍性等特点。

二、法律的作用

法律对人的行为、对社会生活和社会关系所产生的影响就是法律的作用。一般来说，法律的作用可以分为规范作用和社会作用两种。

1. 规范作用

（1）指引作用。法律的实施主要靠社会大多数成员的自觉遵守，人们的合法行为及法律后果对他人的行为具有示范作用；相反，让违法者受到制裁，对受制裁者本人及试图通过违法行为达成自己目的的人会起到警示和约束作用。

（2）教育作用。通过法律的实施，法律规范对人们今后的行为能够发生直接或间接的诱导影响。

（3）强制作用。法律依靠国家强制力量实施，任何公民都应遵守法律规定，不得违法，否则将会受到法律的惩罚和制裁。法律的强制作用不仅在于制裁违法犯罪行为，还在于预防违法犯罪行为，增进社会成员的安全感。

（4）预测作用。正是因为有法律的存在，人们才能明辨是非，事先估计到当事人双方将如何行为及行为的法律后果，从而对自己的行为作出合理的安排。

（5）评价作用。法律提供了一个普遍适用的标准和尺度，用于判断和衡量公民个人的行为是否合法有效。

2. 社会作用

（1）维护特定人群的利益。在阶级对立的社会中，法律的目的是维护对统治阶级有利的社会关系和社会秩序。

（2）维护社会公共利益。主要表现在执行社会公共事务方面，在不同性质的社会，法律在维护社会公共利益方面的职能大体是相同的，如有关社会秩序的法律、有关环境保护的法律、有关科学技术的法律、有关一般文化事务的法律等。

我国的法律与资本主义法律存在着本质的区别。我国的法律是工人阶级领导的广大人民意志和利益的体现，它用规定权利和义务的方法来规范各种社会关系和社会秩序，解决各种社会问题，保障公民的合法权益，是人民当家作主、建设中国特色社会主义的有力工具。

典型案例

职工因见义勇为受伤
被认定为视同工伤

罗某系重庆市某物业管理有限公司（以下简称某物业公司）保安。2011年12月24日，罗某在某物业公司服务的一小区上班（24小时值班）。8时30分左右，在附近有人对一过往行人实施抢劫，罗某听到呼喊声后立即拦住抢劫者的去路，要求其交出抢劫的物品，在与抢劫者搏斗的过程中，不慎从22级台阶上摔倒在巷道拐角的平台上受伤。

罗某于2012年6月12日向重庆市涪陵区人力资源和社会保障局（以下简称涪陵区人社局）提出工伤认定申请并补充提交了见义勇为相关材料。涪陵区人社局核实后，根据《工伤保险条例》认定罗某所受之伤属于因工受伤。某物业公司不服，向法院提起行政诉讼。在诉讼过程中，涪陵区人社局又认定罗某受伤属于视同因工受伤。某物业公司仍然不服，于2013年7月15日向重庆市人力资源和社会保障局申请行政复议，重庆市人社局予以维持。某物业公司认为涪陵区人社局的认定决定适用法律错误，罗某所受伤依法不应认定为工伤。遂诉至法院，请求判决撤销《认定工伤决定书》，并重新作出认定。

重庆市涪陵区人民法院作出行政判决，驳回重庆市某物业公司的诉讼请求。

案例分析

被告涪陵区人社局根据第三人罗某提供的重庆市涪陵区社会管理综合治理委员会“关于表彰罗某同志见义勇为行为的通报”，认定罗某是在见义勇为中受伤。《工伤保险条例》第十五条第一款第二项规定，职工在抢险救灾等维护国家利益、公共利益活动中受到伤害的，视同工伤。虽然罗某不是在工作地点、因工作原因受到伤害，但罗某在维护公共利益的过程中，不顾个人安危与违法犯罪行为作斗争，既保护了他人的个人财产和生命安全，也维护了社会治安秩序，弘扬了社会正气，应当予以大力提倡和鼓励，其所遭受的伤害适用《工伤保险条例》第十五条第一款第二项的规定，即视同工伤，这符合《工伤保险条例》的立法精神，有助于最大限度地保障劳动者的合法权益、最大限度地弘扬社会正气。

三、我国的法律体系

“法者，治之端也”，科学完备、统一权威的法律规范体系，是建设中国特色社会主义法治体系的制度基础。党的十八大以来，以习近平同志为核心的党中央明确提出全面依法治国，并将其纳入“四个全面”战略布局。党的十八届四中全会明确了全面推进依法治国的重大任务，首先就是“完善以宪法为核心的中国特色社会主义法律体系，加强宪法实施”。党的二十大报告首次单独把法治建设作为专章论述和进行专门部署，阐释了全面依法治国在全局工作中的坐标定位，

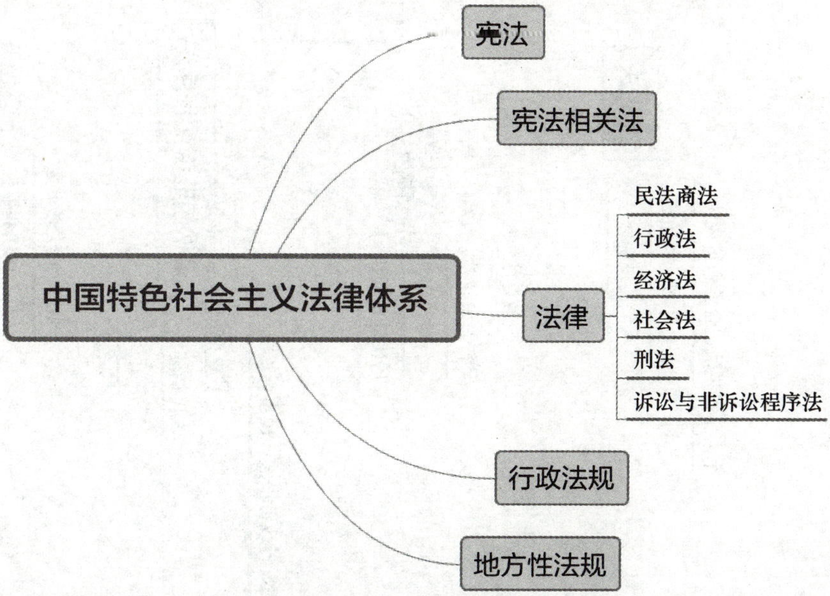

中国特色社会主义法律体系的构成

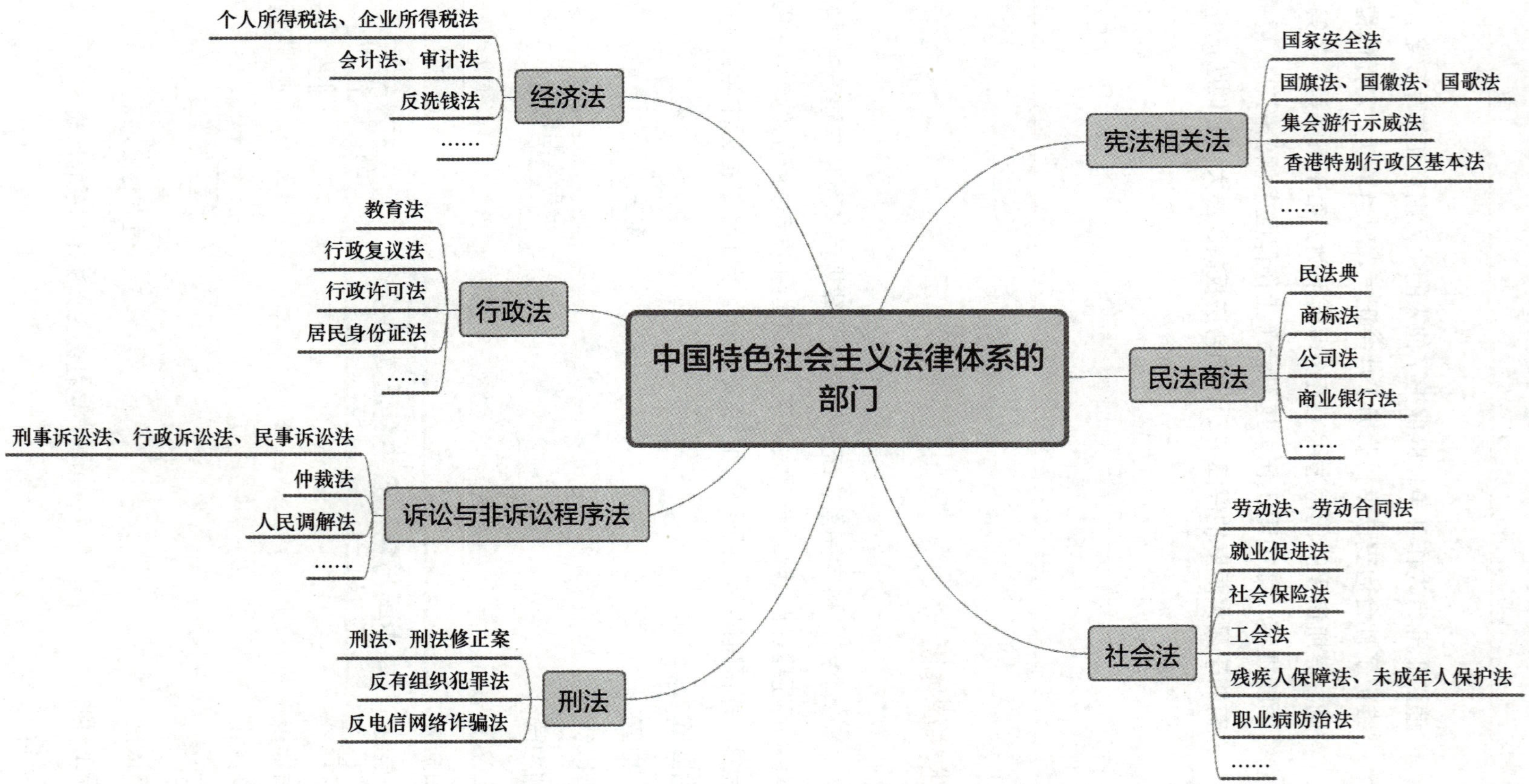

中国特色社会主义法律体系的部门

明确了新时代法治建设的总体要求，提出完善以宪法为核心的中国特色社会主义法律体系，充分体现了以习近平同志为核心的党中央对全面依法治国的高度重视。

中国特色社会主义法律体系，是以宪法为统帅，以法律为主干，以行政法规、地方性法规为重要组成部分，由宪法相关法、民法商法、行政法、经济法、社会法、刑法、诉讼与非诉讼程序法等多个法律部门组成的有机统一整体。不同的法律部门确立的各项法律制度，涵盖社会关系的各个方面，为依法治国、建设社会主义法治国家提供了坚实的基础。

四、尊崇宪法

良好法律秩序的建立，有助于公民自我理解和自我确认，宪法正是培育国家认同的基础。宪法是国家的根本法，是一部最高法，是中国特色社会主义法律体系的核心，是国家长治久安、民族团结、经济发展、社会进步的根本保障，它规定了国家的根本制度和根本任务，是人们行为的基本法律准则，是其他法律、法规赖以产生、存在、发展和变更的基础和前提条件。

1. 宪法与我们的生活息息相关

在很多人心中，宪法是一部高高在上的大法，总感觉很遥远，但实际上，宪法与每个人的生活都有千丝万缕的联系，从出生到年老，宪法几乎处处与我们的生活相关。一个人从出生成为婴儿开始，就是宪法规定的公民，是具有独立人格权的“人”，就开始享有人权，宪法保护他的生存权、健康权、肖像权等；到了适学年龄，开始接受学校教育，宪法保护他享有受教育的权利；18 岁，迈入成年，享受选举权和被选举权，此时也要开始为自己的行为负责了，在享有宪法和法律规定权利的同时，也要履行相应的义务；等到成年参加工作后享有劳动的权利、休息休假的权利；结婚后，婚姻、家庭受国家的保护；买房后，享有私有财产不受侵犯的权利；退休后，享有领取养老金等社会保障的权利；即将离世了，还有设立遗嘱的权利。一个人即使离开这个世界，宪法还在继续守护着他的家人和子女。因此，宪法贯穿人的一生，宪法就像人赖以生存的空气，时时刻刻都存在着。

2. 树立宪法权威

为了加强宪法实施，树立宪法权威，维护宪法尊严，国家陆续推出了若干项重大举措，如将每年的 12 月 4 日设定为“国家宪法日”，通过普及宪法和法律知识，让群众知道宪法规定每个公民享有哪些权利和义务，从而在全社会形成宪法至上、尊崇宪法、学习宪法、维护宪法、用宪法维护人民权益的社会氛围。

为彰显宪法权威，激励和教育国家工作人员忠于宪法、遵守宪法、维护宪法，加强宪法实施，全国人民代表大会常务委员会自 2015 年起以立法的形式正式规定实行宪法宣誓制度，凡经人大及其常委会选举或者决定任命的国家工作人员，正式就职时公开向宪法宣誓，培养被任命者对法律的敬畏，强化被任命者对自己的约束，真正体现了权力来源于人民。

3. 维护宪法尊严

宪法的根基在于人民发自内心的拥护，心中有法才能行为有度。依法治国是我们每个人的事，个人法治观念的增强能够加快推进依法治国总目标的实现，而健全的法治体系能推动国民经济和社会有序发展，真正让每一个公民都能保障好自己的合法权益，共享发展成果。

（1）认同宪法。小到文明行走，大到依法治国，法治的伟力皆源于公民真诚的信仰。法国思想家卢梭曾说过，一切法律中最重要的法律，既不是刻在大理石上，也不是刻在铜表上，而是铭刻在公民的内心里。宪法精神的培养，始于认同。只有真正认同宪法价值，增强对宪法的信服和尊崇，并自觉接受宪法的指引和要求，才能将宪法付诸实践。我们要筑牢法治信仰，充分认识到宪法的地位，理解并认同宪法的价值，让宪法真正铭刻于心，让宪法精神在心中生根发芽，开花结果。

（2）坚持党的领导和社会主义制度。坚持依宪治国、依宪执政，必须首先坚持宪法确定的中国共产党领导地位不动摇。习近平总书记指出：“我国宪法以根本法的形式反映了党带领人民进行革命、建设、改革取得的成果，确立了在历史和人民选择中形成的中国共产党的领导地位。”我国宪法确认了中国共产党的执政地位，确认了党在国家政权结构中总揽全局、协调各方的核心地位，这是中国特色社会主义最本质的特征，是中国特色社会主义制度的最大优势，建设中国特色社会主义法治，一切命题应基于这一最本质特征展开。

坚持依宪治国、依宪执政，还必须坚持社会主义制度不动摇。宪法明确“社会主义制度是中华人民共和国的根本制度”，禁止任何组织和个人破坏社会主义制度。走社会主义道路是中国人民的历史选择，只有社会主义才能救中国。维护宪法尊严，就要维护社会主义制度，自觉反对和抵制破坏社会主义制度的言行。

要坚持宪法确定的人民民主专政的国体和人民代表大会制度的政体不动摇。坚持以人民为中心，把党的领导、人民当家作主、依法治国有机统一起来，坚持党总揽全局、协调各方的领导核心作用，坚持国家一切权力属于人民，健全民主制度，丰富民主形式，拓宽民主渠道，保障人民平等参与、平等发展权利，发展更加广泛、更加充分、更加健全的全过程人民民主。

（3）学习和践行宪法。宪法的生命在于实施，宪法的权威也在于实施。全国各族人民、一切国家机关和武装力量、各政党和各社会团体、各企业事业组织，都必须以宪法为根本的活动准则，都负有维护宪法尊严、保证宪法实施的职责。技能劳动者要主动了解我国宪法产生和发展的历程，学习宪法及与宪法相关的中国特色社会主义法律体系的主要内容，领会宪法原则和精神。更要把宪法内化为行为准则，依照法律的相关规定行使宪法赋予我们的权利，依法履行规定的义务，规范自己的行为，把宪法和法律精神、法律原则融入并渗透到技能人才工作和生活的各个领域，依法表达诉求，同一切违反宪法的行为作斗争。同时，还要积极参与宪法宣传活动。

（4）强化道德支撑。法律和道德密不可分，一定程度上，法律是成文的道德，道德是内化的法律，二者分别从他律和自律两个角度共同规范人们的行为。如果说法治信仰像一座灯塔，道德支撑则如同一道堤防，构筑了人们的行为准则，约束人们的行为底线。良法善治目标的实现既要重视发挥法律的规范作用，也要重视道德的教化作用，二者缺一不可，唯有相得益彰才能推动社会的发展和进步。

新中国成立 70 多年来，通过宪法凝聚广泛社会共识，有力推动了社会主义法治国家建设的进程。自觉履行宪法规定的公民义务，是我们的“天职”，也是我们爱国的重要表现。我们既要维护宪法，遵守法律，更要对祖国忠诚、维护与热爱，积极践行社会主义核心价值观，自觉加强个人品德、家庭美德、职业道德、社会公德的修养，爱祖国、爱人民、爱劳动、爱科学、爱社会主义，增强法治的道德底蕴，以道德滋养法治精神。

五、弘扬契约精神

契约是主体之间达成的合意，具有自由、平等、诚实、守信的基本内涵。从小处讲，人们为了实现某一特定利益需要相互之间信守诺言；从大处讲，社会要正常运转，需要人们对约定、规则、制度等的主动尊重和执行。

在商品交易和人与人交往的过程中，诚实信用作为基本要件，构成了人们彼此互信的契约关系。古有大量关于重信守诺的历史故事，如春秋战国时期的攻守约定、宋朝的澶渊之盟、明朝的俺答封贡等，无不在客观上起到了教育、引导所有人遵守规约、涵养契约精神的作用。今有《新时代公民道德建设实施纲要》指出："要继承发扬中华民族重信守诺的传统美德，弘扬与社会主义市场经济相适应的诚信理念、诚信文化、契约精神。"

市场经济本质上就是基于契约精神的法治经济。2020 年 7 月 21 日习近平总书记在企业家座谈会上指出："法治意识、契约精神、守约观念是现代经济活动的重要意识规范，也是信用经济、法治经济的重要要求。"贯彻新发展理念，实现高质量发展，必须坚持以法治为引领，用法治规范市场秩序，鼓励良性竞争。

典型案例

树立诚实观念　严守契约精神

西安某房地产公司与李某签订了商品房内部认购合同，约定了双方的名称、住所、房屋的基本情况、单价、总价款、付款方式、付款时间等内容。合同签订当日，李某即向某房地产公司交纳了全部购房款。其后，该房地产公司在案涉开发项目已经取得土地使用证、建设用地规划许可证、建设工程规划许可证与建筑工程施工许可证的情况下，以案涉房屋未取得商品房预售许可证为由，将李某起诉至法院，请求确认双方签订的内部认购合同无效。

西安市中级人民法院认为，李某在签订认购合同当日即支付了全额购房款，某房地产公司作为销售方的合同目的已经实现，但其不积极履行己方合同义务，在房地产市场出现价格大幅上涨的情况下提起本案诉讼主张合同无效，违背诚实信用原则。某房地产公司签约时未取得商品房预售许可证，虽然违反了商品房预售许可制度，但涉案楼盘在一审诉讼前已经取得了除预售许可证之外的"四证"，工程主体已经建成，在李某上诉过程中，涉案楼盘也取得了商品房预售许可证，预售制度所欲避免的风险在本案中已经不存在。因此，该公司签约时未取得商品房预售许可证的事实，并不必然导致其签订认购合同的民事法律行为无效。该公司为获取超出合同预期的更大利益，违背合同约定，提起本案诉讼主张合同无效，显然与社会价值导向和公众认知相悖，人民法院不予支持。

案例分析

本案不因开发商签约时未取得商品房预售许可证而机械认定房屋认购合同无效，而是结合合同目的、合同履行、商品房预售制度的立法目的等因素，认定商品房预售制度所欲避免的风险在本案中已经不存在，开发商提起本案诉讼是为获取超出合同利益的恶意违约行为，故而对开发商违背诚信的行为给予否定性评价，依法保护了消费者合法权益，维护了房地产交易的稳定性，引导市场交易主体诚信经营、严守契约，是一份有温度、有力量的公正判决。

时代给予了技能劳动者展示自我的机遇，技能劳动者更需厚植爱党、爱国、爱社会主义的情怀，增强法治观念，维护宪法权威，做遵纪守法的模范。

小结与思考

“法治兴则国家兴，法治衰则国家乱。”在社会主义法治体系建设的进程中，我们党不断锐意进取、推陈出新，逐渐探索出了一条适合中国国情的发展道路，将“体现人民利益、反映人民愿望、维护人民权益、增进人民福祉落实到全面依法治国各领域全过程”，切实做到让人民群众在每一项法律制度、每一个执法决定、每一宗司法案件中都感受到公平正义。也正基于此，全社会尊法、信法、守法、用法的氛围有了很大改善。

我们要坚持以习近平法治思想为指引，弘扬法治精神、培育法律信仰、树立宪法权威、强化法治观念、确立规则意识、履行法定义务，做社会主义法治的忠实崇尚者、自觉遵守者、坚定捍卫者。

以下问题值得我们探究和思考。

1. 请试着讲述我们身边的宪法小故事，体会宪法与我们的生活息息相关。

2. 关注身边的职场纠纷化解案例，着重体会法律的规范作用。

3. 你认为道德与法治，哪个更重要？请说明理由。

4. 试着思考一下，如何弘扬与社会主义市场经济相适应的契约精神？

第 2 节 法律伴随我的工作和生活

微故事导入

宋某是某公司的员工。2021 年 1 月，宋某为迫使小贺与妻子离婚，采用打电话、发短信、发送不雅照片的方式持续多次骚扰小贺，小贺报警。公安机关认为，宋某的行为破坏了小贺的正常生活和家庭关系，并作出对宋某行政拘留 4 日的处罚决定。

宋某被扣留后，公司根据“员工奖惩制度”的规定，在通知工会后，作出了解雇宋某的决定。宋某认为，公司属于违法解除劳动合同，在申请劳动争议仲裁后又起诉到法院。

法院查明，宋某所在公司职代会通过的“员工奖惩制度”规定，“劳动者违背公序良俗，损害公司名誉的”，公司可以解除劳动合同。该奖惩制度已经载入公司“员工手册”，宋某也签收过该“员工手册”。因此认为，公司制定的“员工奖惩制度”其内容和程序均合法，可以作为处理劳动争议的依据，遂判决驳回了宋某的诉讼请求。

故事分析

《中华人民共和国民法典》第八条规定：“民事主体从事民事活动，不得违反法律，不得违背公序良俗。”用人单位有权在制定的规章制度中规定“劳动者违反公序良俗的，可以解除劳动合同”。本案中，宋某的行为严重违背了公序良俗，且受到行政处罚，其行为不但违反了“员工奖惩制度”，而且对公司的名誉造成损害，公司依据《中华人民共和国劳动合同法》第三十九条第二项规定，解除与宋某的劳动合同不违法。

问题导入

法律赋予了劳动者哪些权利？劳动者要履行哪些义务？劳动者应如何在遵纪守法的同时维护自身合法权益？

核心要素

权利和义务

规则意识

自律意识

服从意识

一、法律守护劳动者

劳动创造价值，劳动者最美。劳动既是公民获得财产的最基本途径，也是公民实现自我价值和自我完善的基本方式，保障劳动者的权利能够激发劳动者的创造力和积极性，让每一位劳动者体面劳动是构建和谐劳动关系的基础，是建设社会主义法治国家的必然要求。

劳动者有哪些权利呢？《中华人民共和国宪法》第二章提到，公民有劳动和休息的权利；在年老、疾病或者丧失劳动能力的情况下，有从国家和社会获得物质帮助的权利；同时，国家通过各种途径，创造劳动就业条件，加强劳动保护，改善劳动条件，并在发展生产的基础上，提高劳动报酬和福利待遇；为培养青年在品德、智力、体质等方面全面发展，国家对就业前的公民进行必要的劳动就业训练。技能劳动者只有正确理解了上述劳动权和受教育权，才能正确行使此项权利。

《中华人民共和国劳动法》第三条也对劳动者的权利作出了明确规定。

1. 平等就业的权利

有劳动能力的公民有参加社会劳动，平等获取就业机会的权利，不因民族、种族、性别、年龄、文化、宗教信仰、经济能力等而受到歧视和限制。劳动是人们生活的基础，是创造物质财富和精神财富的源泉，如果公民的平等就业权不能实现，其他一切权利也就失去了基础。

2. 选择职业的权利

劳动者可以根据自己的意愿、素质、能力、爱好及现实情况，在就业市场上自主选择职业、选择用人单位和工作岗位，这不仅有利于劳动者充分发挥自己的特长，活跃劳动力市场，实现资源的优化配置，促进社会生产力的发展，更是社会进步的标志。

3. 取得劳动报酬的权利

劳动者在履行义务付出劳动后，有权依据提供的劳动量的多少和按劳分配原则取得应有的劳动报酬，这是劳动者的权利，用人单位应及时足额以货币形式向劳动者支付相应的劳动报酬，否则可能违法，劳动者有权依法要求有关部门追究其责任。

4. 获得劳动安全卫生保护的权利

生命安全和身体健康是公民依法享有的基本权利。用人单位在为劳动者安排工作的时候，需要确保劳动者的安全，这是对劳动者切身利益的最直接保护。具体包括：按照国家劳动安全卫生规程的要求和标准配备设施和发放用品；依法给女职工和未成年工以特殊保护；有责任对全体职工进行安全生产教育，并建立安全生产制度；在发展生产的基础上不断改善劳动条件和提高劳动保护标准；对因工致残和患职业病的劳动者，有义务治疗并承担费用。

5. 休息休假的权利

劳动者享有使自己的体力和脑力得到恢复，享受闲暇生活而不受干涉的权利。国家规定职工的工作时间和休息休假制度，发展休养设施，目的是保证劳动者的疲劳能够得以解除，身心得以发展，有一定的时间料理家庭和个人的事务，并有条件进行业余进修提升自我。

6. 享有社会保险和福利的权利

国家发展社会保险事业，建立社会保险制度，设立社会保险基金，使劳动者在年老、患病、工伤、失业、生育等情况下获得帮助和补偿。劳动者与用人单位建立劳动关系之后，劳动者有义务缴纳职工社会保险。劳动者有权享受退休待遇，医疗待遇、因工负伤或职业病相关待遇、失业待遇、生育待遇等。劳动者有请求兴建公共福利设施，获得休息、休养和疗养条件的权利。

7. 接受职业技能培训的权利

宪法规定，公民有受教育的权利和义务，既包括接受普通教育，也包括接受职业教育。公民要实现自己的劳动权，必须不断丰富知识和提升水平，参加与岗位有关的专业知识和技能方面的培训，拥有一定的职业技能，获得相应的职业培训证书或职业资格证书（技能等级证书）。

8. 提请劳动争议处理的权利

劳动关系的双方是劳动者与用人单位，双方各自存在着不同的利益，不可避免地会产生分歧，即劳动争议。劳动争议产生后，劳动者有权选择与用人单位协商解决，也有权依法申请调解、仲裁，提起诉讼。

二、在履行义务中实现自己的价值

法律赋予的权利为我们每个人提供了自由生存和发展的空间，但这并不意味着我们可以只坐享其成而不必付出，任何权利的实现总是以义务的履行为前提，没有无义务的权利，也没有无权利的义务。劳动者的主人翁地位是由其享有的基本权利和履行的基本义务构成的，劳动者的自我价值在履行义务的同时得以实现。

我国的劳动法在保护劳动者基本权利的同时，也规定了劳动者应该履行以下义务。

1. 诚信义务

求职者在择业过程中要如实向应聘单位介绍个人的基本情况及与应聘岗位直接相关的知识、技能、工作经历等，不能夸大其词，弄虚作假。

2. 完成劳动任务

这是劳动者最主要的义务，也是强制性的义务。劳动者如果不能完成劳动任务，就意味着违反了劳动合同的约定，用人单位就有权解除劳动合同。

3. 提高自身职业技能

劳动者享有接受职业技能培训的权利，同时也有提高自身职业技能的义务，这也是对劳动者完成劳动任务的保障。

4. 执行劳动安全卫生规程

劳动者在从事劳动的时候享有获得劳动安全卫生保护的权利。但为了保护劳动者生命安全和身体健康，劳动者也有义务执行国家和用人单位制定的劳动安全卫生操作规程，以保证安全生产和劳动任务的完成。劳动者违反用人单位的操作规程，导致用人单位损失的，应承担赔偿责任。

5. 遵守劳动纪律

宪法规定，遵守劳动纪律是公民的基本义务。劳动纪律是用人单位为维持生产经营秩序，保证劳动合同履行，要求劳动者在劳动中所必须遵守的劳动规则和秩序。“没有规矩，不成方圆”，有纪律劳动才有秩序，用人单位根据本单位的实际情况合法制定的规章制度和劳动纪律具有法律效力。

6. 遵守职业道德

劳动者在职业活动中应该遵循的行为准则称为职业道德，一般来说，职业道德包括爱岗敬业、诚实守信、办事公道、热情服务、奉献社会等。例如，在签订劳动合同时，劳动者有义务就其与劳动合同直接相关的基本情况向用人单位如实说明；劳动者有义务保守用人单位的商业秘密和与知识产权相关的保密事项等。

三、自觉自律，遵纪守法

身处法治新时代，依法治国方略对技能劳动者提出了新要求，我们要敬畏法律、了解法律、遵纪守法，自觉提升自己的法治素养，逐步实现自身的全面发展。

1. 将规则意识植入内心

规则是现代社会的“基础设施”，是社会正常运转的“润滑剂”。我们每天都在与规则打交道，比如买票要排队，出行要遵守交通规则，公共场合不能大声喧哗，进入建筑工地要戴安全帽……甚至我们平时的一举一动都受到一定的约束。一个文明有序的社会，离不开对规则的尊重、敬畏和维护，正所谓“没有规矩，不成方圆”。

规则之所以存在，是为了营造一种相对公平的氛围，让大家在公平的环境中发自内心地改变自己的思想和行为。规则意识不是与生俱来的，需要在生活和工作中自觉将规则化为我们内心的律令，用实际行动捍卫规则文明，是一个长期的过程。改革开放以来，我们的社会在以法律和公序良俗为基础的规则文明中有序发展，也得益于公民规则意识的不断强化。把规则意识贯穿到生活点滴中，让每个人成为规则意识的操练者和受益者，能够帮助我们点亮生活，创造美好未来。

2. 保持自律

自律，是指在没有人监督的情况下，能够克制自己的情绪，遵循某种原则和规律进行自我约束。技能劳动者在进入工作岗位后，要按时完成自己的工作任务，做好自我约束和自我管理，这不仅有利于提高工作效率，促进个人的发展，也能够帮助企业形成良好的企业文化，增强企业的内部凝聚力和外部竞争力，推动经济发展和社会进步。

3. 服从企业的管理

规章制度是用人单位根据自身生产经营和管理的特点，在法律法规的框架内进行劳动管理的一种规则，是劳动生产过程能够顺利运行的保障，一定程度上带有强制性。用人单位通过制定一系列的规章制度，对劳动态度、生产工艺、环境卫生、安全技术规程等，以及与职工的权利和利益密切相关的工资福利、奖惩晋升、培训、绩效考核等方面加以明确和约束，保障劳动者的劳动权利，督促劳动者履行劳动义务。

员工为什么必须遵守职业纪律，服从单位的管理呢？原因在于，员工的服从是团队协调运作的必要条件，可以保持政令畅通、上下同步；员工的服从还可以形成强大的执行力，促进企业的发展。同时，员工如果想在职场上有进一步的发展，首先要遵守职业纪律，具备服从意识。凡是这样做的，必能获得认可和信任。如果员工有法不守、有令不听、有纪不遵，企业就谈不上发展，员工自己的职业理想也不可能实现，甚至有可能还会违法，会受到法律的制裁。

4. 自觉提升法治素质

（1）要认真学法。我国的法律有很多种，各种法律的条文更是不计其数，对于普通劳动者而言，重要的是通过学法能够把法治精神、法治意识、法治观念铭刻在心中，从而对法治发自内心地拥护和真诚地信仰。

（2）要自觉守法。每个公民都是推进法治的主角，都应时时处处担负起自觉守法的责任和义务，例如遵守交通规则、诚信经营不欺诈、不偷税漏税、按法律法规办事等都应自觉做到。只有全社会共同参与，持续不断增强对法治文化的认同，将法律内化为行为准则，办事依法、遇事找法、解决问题用法、化解矛盾靠法，才能为建设更高水平的法治国家做出贡献。

（3）要敢于护法。每个公民在认真学法、自觉守法的同时，应树立法治建设的主人翁意识，增强社会责任感，敢于同违反法律法规的人和事作斗争，捍卫法律尊严，为促进社会公平正义和维护广大人民群众根本利益贡献力量。

小结与思考

技能劳动者在职工作期间，除应遵守社会公德、职业道德、家庭美德外，还应该保持自律，遵守企业的规章制度，建立归属感，积极参与企业民主管理，同时做好自我约束和自我管理，主动增加自身知识储备和提升专业技能。身处法治社会，要尊崇宪法，维护法律的尊严和权威，通过各种途径了解法律，强化风险防范，做到遇事找法，自觉树立法治意识，提升法治素养。同时，企业和社会也应该营造积极和谐的氛围，推动社会诚信体系建设，倡导人们自觉培育规则意识和提高守则能力，保障劳动者的生命健康安全，确保社会向着有序、文明的方向发展。

以下问题值得我们探究和思考。

1. 请思考劳动者的主人翁地位是通过哪些权利和义务体现的。

2. 请思考提升法治素养对技能劳动者个人职业生涯发展的重要意义有哪些。

第3节 维护我的权益

微故事导入

小王在A公司工作几年后，跳槽至B公司。从A公司离职7个月后，小王向A公司要求支付自己曾被拖欠的3个多月的工资。A公司以小王未按劳动合同法和公司规章制度规定提前提出离职申请，给单位造成损失为由，拒付其工资。僵持半年后，小王向劳动争议仲裁委员会提出仲裁申请，要求公司支付其工资。劳动争议仲裁委员会以小王“超出仲裁时效”为由驳回了小王的仲裁申请。小王感到很委屈，向人民法院提起诉讼；因为诉讼程序时间长，小王又向当地的劳动保障监察机构投诉，劳动保障监察机构也作出了不予受理的决定。而小王的好友小董原来也在A公司打工，后来也跳槽至B公司，A公司同样也拖欠她同一时段的3个多月的工资。但是与小王不同的是，小董在向劳动仲裁和劳动保障监察部门咨询后，选择了向劳动保障监察机构投诉，并很快要回了自己被拖欠的工资。

故事分析

本案是一起劳动争议案件，但同一问题却有不同的处理结果，原因是小王和小董选择的维权途径不同。

小王在A公司明示拒付工资1年以后，才提出劳动仲裁申请，超出了《中华人民共和国劳动争议调解仲裁法》第二十七条关于仲裁时效为1年的规定，劳动争议仲裁委员会驳回其仲裁申请是合法的。小王在提起诉讼后又向劳动保障监察机构投诉，并未超过《劳动保障监察条例》第二十条2年监察时效的规定，为何又被告知不再受理呢？因为《劳动保障监察条例》第二十一条第二款规定：“对应当通过劳动争议处理程序解决的事项或已经按照劳动争议处理程序申请调解、仲裁或者已经提起诉讼的事项，劳动保障行政部门应当告知投诉人依照劳动争议处理或者诉讼的程序办理。”据此，劳动保障监察机构在小王向人民法院提起诉讼后，对小王的投诉作出了不受理的决定。

小董为什么能快速维权成功呢？因为小董在查询相关法律法规并向有关部门咨询后得知，拖欠劳动报酬问题，申请劳动仲裁和到劳动保障监察部门投诉两种途径都是可以选择的。但是针对自己遇到的情况，考虑到时效的问题，显然选择仲裁途径维权已经不太可能，所以小董选择了向劳动保障监察部门投诉。劳动保障监察部门受理后，迅速立案调查，帮助小董在很短的时间内要回了被 A 公司拖欠的工资，A 公司也因此受到了相关部门的处罚。

问题导入

由此可见，劳动者除了要了解法律规定的我们应该拥有哪些权利，履行哪些义务外，还应该注意学习法律中规定的追诉时效等内容，这样有助于精准高效地维权。

核心要素

依法订立劳动合同

规范履行劳动合同

依法终止或解除劳动合同

有效解决劳动争议

一、入职与订立劳动合同阶段

1. 劳动合同订立的原则

《中华人民共和国劳动合同法》第三条规定："订立劳动合同，应当遵循合法、公平、平等自愿、协商一致、诚实信用原则。"此外，《中华人民共和国民法典》规定，劳动关系双方当事人在进行活动时除了不能违反法律规定外，也不得违背公序良俗。

2. 订立劳动合同的时间及未订立书面劳动合同的法律责任

新员工入职后多久，用人单位应当与其签订劳动合同呢？按照《中华人民共和国劳动合同法》第七条的规定，"用人单位自用工之日起即与劳动者建立劳动关系"；第十条规定，"建立劳动关系，应当订立书面劳动合同。已建立劳动关系，未同时订立书面劳动合同的，应当自用工之日起一个月内订立书面劳动合同"。

同时，第八十二条、第十四条还明确规定："用人单位自用工之日起超过一个月不满一年未与劳动者订立书面劳动合同的，应当向劳动者每月支付二倍的工资。""用人单位自用工之日起满一年不与劳动者订立书面劳动合同的，视为用人单位与劳动者已订立无固定期限劳动合同。"

自用工之日起一个月内，经用人单位书面通知后，因劳动者自身原因导致不能订立书面劳动合同的，企业应该按照《中华人民共和国劳动合同法实施条例》第五条规定书面通知劳动者终止劳动关系，无须向劳动者支付经济补偿，但是应当依法向劳动者支付其实际工作时间的劳动报酬。

3. 劳动合同的内容

劳动合同的内容即我们常说的劳动合同的条款，分为法定必备条款和可约定条款两大类。

法定必备条款是指劳动合同中必须要有的内容，包括：用人单位的名称、住所和法定代表人或主要负责人；劳动者的姓名、住址和居民身份证或者其他有效身份证件号码；劳动合同期限；工作内容和工作地点；工作时间和休息休假；劳动报酬；社会保险；劳动保护、劳动条件和职业危害防护；法律法规规定应当纳入劳动合同的其他事项。

可约定条款是指在法定必备条款之外，可以由双方当事人自愿协商并约定的合同条款（法律禁止约定的除外）。常见的有试用期、培训、保守秘密、补充保险和福利待遇等。

4. 试用期

试用期是指用人单位和劳动者为了相互了解，相互选择而约定的考察期。当事人双方可以自由决定是否约定试用期，但一旦选择约定试用期，就必须遵守以下规定。

（1）试用期包含在劳动合同期限内，劳动合同仅约定试用期的，试用期不成立，该期限为劳动合同期限。

（2）用人单位应该为试用期员工依法缴纳社会保险。

（3）试用期的期限与劳动合同期限相关联。用人单位不能随意延长试用期。劳动合同期限 3 个月以上不满 1 年的，试用期不得超过 1 个月；劳动合同期限 1 年以上不满 3 年的，试用期不得超过 2 个月；3 年以上固定期限和无固定期限的劳动合同，试用期不得超过 6 个月。以完成一定工作任务为期限的劳动合同或者劳动合同期限不满 3 个月的，不得约定试用期。

（4）劳动者在试用期的工资不得低于本单位相同岗位最低档工资或者劳动合同约定工资的 80%，并不得低于用人单位所在地的最低工资标准。

（5）双方当事人可以在试用期内解除劳动合同。劳动者在试用期内提前 3 日通知用人单位，可以解除劳动合同；用人单位在试用期解除劳动合同的，须证明劳动者不符合录用条件或存在法律允许解除劳动合同的其他条件，并且应当向劳动者说明理由。

二、履行劳动合同阶段

1. 相关待遇

劳动者正常提供了劳动有依法获得劳动报酬即工资的权利。用人单位支付给劳动者的工资通常包括计时工资、计件工资、奖金、津贴和补贴、加班加点工资及特殊情况下支付的工资。

（1）工资。用人单位支付劳动者工资时要遵守以下要求。

一是用人单位支付劳动者的工资不得低于当地最低工资标准。需要注意的是，延长工作时间工资，中班、夜班、高温、低温、井下、有毒有害等特殊工作环境、条件下的津贴，法律、法规和国家规定的劳动者福利待遇等不包含在最低工资内支付。

二是工资应当以货币形式定期（按约定的日期）、按时（每月至少一次）直接支付给劳动者本人，可以以现金形式发放，也可以委托银行代为发放。

三是劳动者有权获得其个人的工资清单。用人单位也应该编制工资支付表并至少保存两年以上备查。

四是用人单位不得克扣或无故拖欠劳动者工资。

五是劳动者的个人所得税和社会保险费中劳动者个人负担的部分用人单位应代扣代缴。

六是劳动者在法定休假日和婚丧假期间以及依法参加社会活动期间，用人单位应当依法支付工资。但是，劳动者请事假的，企业可以不支付其工资，具体情况应依据双方约定。

七是劳动者患病或者非因工负伤，在规定的医疗期内的，用人单位应当按照有关规定支付病伤假期工资。

八是用人单位与劳动者依法解除或终止劳动合同时，用人单位应在解除或终止劳动合同时一次付清劳动者工资。

（2）加班加点工资。国家实行劳动者每日工作时间不超过 8 小时、平均每周工作时间不超过 44 小时的工时制度。用人单位由于生产经营需要，经与工会和劳动者协商后可以延长工作时间，一般每日不得超过 1 小时；因特殊原因需要延长工作时间的，在保证劳动者身体健康的条件下延长工作时间每日不得超过 3 小时，但是每月不得超过 36 小时。安排劳动者工作日延长工作时间的，支付不低于工资的 150% 的工资报酬；在休息日安排劳动者工作的，应首先安排劳动者进行同等时间的补休，如果不能安排补休的，应支付不低于工资的 200% 的工资报酬；在法定休假日安排劳动者工作的，应支付不低于工资的 300% 的工资报酬。

需要注意的是，加班有程序要求。用人单位由于生产经营需要，拟安排劳动者加班的，应与工会和劳动者协商。但是，对于遇有发生自然灾害、事故或者因其他原因，威胁劳动者生命健康和财产安全，需要紧急处理的；生产设备、交通运输线路、公共设施发生故障，影响生产和公众利益，必须及时抢修的；法律、行政法规规定的其他情形时，延长工作时间不受程序和时长的限制。

典型案例

如何计算加班费？

小李是某商场的客户服务经理。2019 年国庆节的 7 天假期他不能休息，需要上班。由于 10 月份也是销售旺季，单位不打算安排其补休了，想以支付加班工资代替补休。小李的月工资为 4 750 元。请计算小李国庆期间的加班工资。

案例分析

应按照以下步骤计算小李的加班工资。

第一步：根据《关于职工全年月平均工作时间和工资折算问题的通知》计算小李的日工资收入。

月计薪天数 =（365 天 −104 天）÷12 个月 =21.75 天。

小李的日工资 =4 750 元 ÷21.75 天≈ 218 元 / 天。

第二步：根据《全国年节及纪念日放假办法》和 2019 年放假安排分析国庆 7 天应该按照什么标准支付小李加班工资。

2019 年 10 月 1 日至 3 日这 3 天为法定节日，应该按照不低于工资的 300% 的标准支付其加班工资。

2019 年 10 月 4 日至 7 日这 4 天为休息日，应该按照不低于工资的 200% 的标准支付其加班工资。

第三步：按照《中华人民共和国劳动法》第四十四条规定计算小李的加班工资。

小李国庆期间的加班工资 =218 元 ×3 天 ×300%+218 元 ×4 天 ×200%=3 706 元。

（3）带薪年休假。劳动者连续工作 1 年以上的，享受带薪年休假。用人单位应当保证劳动者享受年休假。劳动者在年休假期间享受与正常工作期间相同的工资收入。年休假的天数根据劳动者累计工作时间确定。具体来说，累计工作已满 1 年不满 10 年的，年休假 5 天；已满 10 年不满 20 年的，年休假 10 天；已满 20 年的，年休假 15 天。

劳动者应休未休的年休假天数，用人单位应当按照该劳动者日工资收入的 300% 支付年休假工资报酬，其中包含用人单位支付劳动者正常工作期间的工资收入，再额外支付 200% 的工资报酬。其中，日工资收入按照劳动者本人的月工资除以月计薪天数（21.75 天）进行折算。

2. 劳动保护与安全生产

（1）对女职工群体的劳动保护。党和国家高度重视女职工劳动保护工作，规定了女职工禁忌从事的劳动范围和对孕期、产期、哺乳期的女职工的保护。用人单位不得因女职工怀孕、生育、哺乳降低其工资、予以辞退、与其解除劳动或者聘用合同。

国家对女职工的产假时长和产假待遇作出明确规定。2012 年 4 月 28 日起施行的《女职工劳动保护特别规定》明确，女职工生育享受 98 天产假。女职工产假期间享受生育津贴。

（2）劳动安全卫生。根据《中华人民共和国安全生产法》和《中华人民共和国劳动法》的规定，技能人才要严格遵守本单位的安全生产规章制度和操作规程，服从管理，文明生产，不违章作业，并劝阻和及时制止他人的违章作业，保持作业现场清洁，加强设备维护，正确分析、判断和处理各种事故苗头，把事故消灭在萌芽状态。如果发现事故隐患或者其他不安全因素，应当立即向现场安全生产管理人员或者本单位负责人报告；接到报告的人员应当及时、正确、果断予以处理。

（3）职业病防治。我国的职业病防治工作坚持预防为主、防治结合的方针。用人单位是职业病防治的责任主体，应当依照法律、法规的要求，严格遵守国家职业卫生标准，落实职业病预防措施，从源头上控制和消除职业病危害。工会组织依法对职业病防治工作进行监督，维护劳动者的合法权益。任何单位和个人有权对违反《中华人民共和国职业病防治法》的行为进行检举和控告。

用人单位与劳动者订立劳动合同时，应当将工作过程中可能产生的职业病危害及其后果、职业病防护措施和待遇等如实告知劳动者，并在劳动合同中写明，不得隐瞒或者欺骗。否则，劳动者有权拒绝从事存在职业病危害的作业，用人单位不得因此解除与劳动者所订立的劳动合同。

用人单位不得安排未经上岗前职业健康检查的劳动者从事接触职业病危害的作业；不得安排有职业禁忌的劳动者从事其所禁忌的作业；对在职业健康检查中发现有与所从事的职业相关的健康损害的劳动者，应当调离原工作岗位，并妥善安置；对未进行离岗前职业健康检查的劳动者不得解除或者终止与其订立的劳动合同。用人单位不得安排未成年工从事接触职业病危害的作业；不得安排孕期、哺乳期的女职工从事对本人和胎儿、婴儿有危害的作业。

3. 社会保险

国家建立基本养老保险、基本医疗保险、工伤保险、失业保险、生育保险等社会保险制度，保障公民在年老、疾病、工伤、失业、生育等情况下依法从国家和社会获得物质帮助的权利。

职工应当参加基本养老保险，由用人单位和职工共同缴纳基本养老保险费。参加基本养老保险的个人，达到法定退休年龄时累计缴费年限满 15 年的，按月领取基本养老金。

职工应当参加职工基本医疗保险，由用人单位和职工按照国家规定共同缴纳基本医疗保险费。符合基本医疗保险药品目录、诊疗项目、医疗服务设施标准以及急诊、抢救的医疗费用，按照国家规定从基本医疗保险基金中支付。

失业保险具有保障失业人员基本生活和促进再就业的双重功能。职业应当参加失业保险，由用人单位和职工按照国家规定共同缴纳失业保险费。失业保险金是最主要的失业保险待遇。失业人员非因本人意愿中断就业，在失业前用人单位和本人缴纳失业保险费满一年，已经进行失业登记，并有求职要求的，可以到失业保险经办机构办理领取失业保险金的手续。

现代意义的工伤保险倡导工伤预防、工伤补偿和工伤康复三位一体。其中，工伤预防是最基本的，也是至关重要的，加大预防投资就可改善作业环境，保护职工健康，减少事故率及职业病发生率，从而减少工伤赔偿。工伤保险费由用人单位按照本单位职工工资总额，根据社会保险经办机构确定的费率缴纳，劳动者个人不缴费。

用人单位按照国家规定缴纳生育保险费，职工不缴纳生育保险费。生育保险待遇包括生育医疗费用（包括生育的医疗费用；计划生育的医疗费用；法律、法规规定的其他项目费用）和生育津贴。生育津贴按照职工所在用人单位上年度职工月平均工资计发。

4. 商业秘密保护

商业秘密是指不为公众所知悉，具有商业价值，并经权利人采取相应保密措施的技术信息、经营信息等商业信息。《中华人民共和国劳动合同法》对商业秘密的保护主要包括签订保密协议和竞业限制协议两个途径。除此之外，用人单位应当制定保密的有关规章制度来保护本单位的商业秘密。

竞业限制是指对负有保密义务的劳动者，一般为用人单位的高级管理人员、高级技术人员和其他负有保密义务的人员，约定在解除或者终止劳动合同后的一定期间（一般是 1~2 年）内，不得到从事同类业务的有竞争关系的其他用人单位任职，也不得自己开业生产或者经营同类产品、从事同类业务。竞业限制义务是基于用人单位与劳动者的约定产生的，没有约定的，劳动者无须承担竞业限制的义务。劳动者离职后因需要履行竞业限制义务，不能从事自己所擅长的或熟练的工作，其收入将因此减少，所以《中华人民共和国劳动合同法》规定，用人单位应当在竞业限制期限内按月给予劳动者经济补偿。补偿标准依据《最高人民法院关于审理劳动争议案件适用法律问题的解释（一）》第三十六条规定，每月不得低于劳动者在劳动合同解除或终止前 12 个月平均工资的 30%。承担竞业限制义务的员工违反竞业限制约定的，要承担违约责任，即支付违约金。违约金的数额国家并无明确规定，由双方根据公平合理的原则协商确定。

典型案例

劳动者负有保守商业秘密的义务

CF 公司拥有高炉煤气余压透平发电装置（Blast Furnace Top Gas Recovery Turbine Unit，简称 TRT）的技术性商业秘密并采取了保密措施。2009 年 12 月，小黄进入 CF 公司工作并签订了劳动合同，劳动合同中约定了小黄的保密义务和责任。2012 年至 2017 年期间，小黄受小吴的教唆和引诱，利用其担任 CF 公司技术人员的职务之便，违反保密义务，多次私自复制 CF 公司 TRT 的相关技术图纸，并通过 U 盘、电子邮箱将图纸交给 QL 公司的实际控制人小吴。小吴先后向小黄支付了 107 000 元。2012 年至 2017 年期间，QL 公司利用非法获取的 TRT 技术图纸，生产、销售相关 TRT 产品配件进行非法获利。

法院经审理认为，小黄作为 CF 公司的技术人员，违反保密义务以及权利人有关保守商业秘密的要求，接受小吴的贿赂并向其披露所掌握的商业秘密；小吴以向小黄行贿的方式非法获取 CF 公司的商业秘密并从中获利，给 CF 公司造成 500 余万元损失。法院判决小吴犯侵犯商业秘密罪，判处有期徒刑 5 年，并处罚金人民币 200 万元；小黄犯侵犯商业秘密罪，判处有期徒刑 4 年，并处罚金人民币 20 万元。

案例分析

无论用人单位与劳动者是否签有保密协议，劳动者都有义务保守商业秘密，这是基于诚实信用原则而产生的劳动者的基本职业道德要求。《中华人民共和国民法典》《中华人民共和国反不正当竞争法》及有关科技管理法规都规定，以窃取等方式取得他人商业秘密的构成侵权。《中华人民共和国反不正当竞争法》还将侵犯他人商业秘密的行为作为不正当竞争行为予以禁止。《中华人民共和国刑法》也规定有侵犯商业秘密罪。劳动立法也对商业秘密的保护做了规定。可以说，我国立法全方位、多层次地对商业秘密进行了保护，劳动者应当尽到保密义务。

三、解除与终止劳动合同阶段

1. 协商解除劳动合同

用人单位与劳动者协商一致，可以解除劳动合同。协商一致解除劳动合同风险低，成本小，在实践中被广泛采用。

虽然是协商解除劳动合同，但谁先提出决定了用人单位是否支付经济补偿。如果是用人单位先提出，应当向劳动者支付经济补偿；如果是劳动者先提出，用人单位则可以不用支付经济补偿。

经济补偿按劳动者在本单位工作的年限和劳动者在劳动合同解除或者终止前 12 个月的平均应得工资，每满 1 年支付 1 个月工资的标准向劳动者支付。6 个月以上不满 1 年的，按 1 年计算；不满 6 个月的，向劳动者支付半个月工资的经济补偿。

2. 劳动者单方解除劳动合同

劳动者提前 30 日以书面形式通知用人单位，可以解除劳动合同；在试用期内提前 3 日通知用人单位即可。此种情况属于劳动者自愿解除劳动合同的情形，按照法律规定，用人单位不需要支付经济补偿。但按照《中华人民共和国劳动合同法》第三十八条的规定，如果用人单位存在规定的情形，劳动者可以解除劳动合同，并要求支付经济补偿。

3. 用人单位单方解除劳动合同

（1）即时解除。根据《中华人民共和国劳动合同法》第三十九条规定，劳动者存在规定的情形的，用人单位可以即时解除劳动合同，不用支付经济补偿。

典型案例

劳动者对用人单位负有忠实义务

2010 年 11 月，小杨入职甲公司，双方签订为期 3 年的劳动合同，合同约定小杨担任公司副总经理，并明确规定小杨在职期间若未经甲公司书面同意在具有竞争关系的企业中任职，甲公司可解除双方劳动合同。

2012 年 2 月，小杨受聘担任乙公司总经理，任期 3 年。2012 年 5 月，甲公司向小杨送达了“解除劳动合同通知书”，以小杨在乙公司担任总经理一职，严重违反甲公司关于禁止到竞争企业任职的规章制度，对其公司经营管理造成恶劣影响为由解除双方劳动合同。为证明乙公司与甲公司存在竞争关系，甲公司提交了公证书等证据予以佐证。公证书载明：“2012 年某市三维建模采购项目中标候选人公示”中，“第一中标候选人”为乙公司，“第二中标候选人”为甲公司。

小杨认为甲公司违法解除劳动合同，向仲裁委员会提出申请，要求支付赔偿金。后不服仲裁裁决起诉至法院。

法院经审理认为，小杨的行为已经构成了对甲公司规章制度的严重违反，故甲公司与其解除劳动合同的行为合法有效。

案例分析

本案的焦点为小杨的行为是否构成严重违反用人单位规章制度。首先，甲公司的规章制度已经依法向小杨送达；其次，规章制度中关于禁止劳动者在竞争企业中担任职务的规定，合乎法律规定，并无不当；最后，甲公司与乙公司共同竞标同一个采购项目，双方存在竞争关系。小杨同期担任乙公司总经理明显已经构成对甲公司规章制度的严重违反，故甲公司与小杨解除劳动合同合法有据，无须支付经济补偿。

（2）预告性解除。预告性解除主要指《中华人民共和国劳动合同法》第四十条规定，劳动者主观上无过错，但由于主客观条件变化，致使劳动合同无法履行的情形，用人单位可以提前30日以书面形式通知劳动者本人或者额外支付劳动者1个月工资后，与劳动者解除劳动合同。如果选择额外支付劳动者1个月工资解除劳动合同的，其额外支付的工资应当按照该劳动者上1个月的工资标准确定。

（3）经济性裁员。《中华人民共和国劳动合同法》第四十一条对经济性裁员进行了界定，即经济性裁员必须达到法定人数、符合法定情形、履行法定程序，三者缺一不可。否则，将承担违法解除劳动合同的法律风险。经济性裁员，用人单位需要按照法律规定向劳动者支付经济补偿。

4. 违法解除劳动合同的法律责任

《中华人民共和国劳动合同法实施条例》第十八条对依照劳动合同法规定的条件、程序，劳动者可以与用人单位解除劳动合同的情形作出了规定。第十九条对依照劳动合同法规定的条件、程序，用人单位可以与劳动者解除劳动合同的情形作出了规定。除此之外的解除情形都属于违法解除。

劳动者违法解除劳动合同的，应承担相应的违约责任，给用人单位造成损失的，应当承担赔偿责任。用人单位违法解除劳动合同的，应当按照《中华人民共和国劳动合同法》第八十七条规定向劳动者支付赔偿金，标准是经济补偿的2倍。

5. 终止劳动合同

《中华人民共和国劳动合同法》第四十四条对劳动合同终止的情形作出了规定。

四、解决劳动争议阶段

1. 劳动争议的范围

根据《中华人民共和国劳动争议调解仲裁法》第二条的规定，劳动争议包括：因确认劳动关系发生的争议；因订立、履行、变更、解除和终止劳动合同发生的争议；因除名、辞退和辞职、离职发生的争议；因工作时间、休息休假、社会保险、福利、培训以及劳动保护发生的争议；因劳动报酬、工伤医疗费、经济补偿或者赔偿金等发生的争议；法律法规规定的其他劳动争议。

2. 劳动争议的处理机构和形式

我国目前处理劳动争议的机构有：调解组织（包括企业劳动争议调解委员会，依法设立的基层人民调解组织，在乡镇、街道设立的具有劳动争议调解职能的组织）、劳动争议仲裁委员会和人民法院。

劳动争议的处理形式主要有 4 种：和解、调解、仲裁和诉讼。通常情况下，和解和调解成本较低，但不是必经程序，仲裁是法定的必经程序，是人民法院受理案件的前置程序。

除以上途径外，劳动者还可以选择拨打 12333、12345、12348 等热线电话反映问题，保护自己的合法权益。

3. 劳动争议仲裁

（1）仲裁时效。劳动争议申请仲裁的时效期间为 1 年，从当事人知道或应当知道其权利被侵害之日起计算。劳动关系存续期间因拖欠劳动报酬发生争议的，劳动者申请仲裁不受 1 年的仲裁时效期间的限制；但劳动关系终止的，应当自劳动关系终止之日起 1 年内提出。

（2）仲裁管辖。劳动争议仲裁委员会负责管辖本区域内发生的劳动争议。劳动争议由劳动合同履行地或者用人单位所在地的劳动争议仲裁委员会管辖。双方当事人分别向劳动合同履行地和用人单位所在地的劳动争议仲裁委员会申请仲裁的，由劳动合同履行地的劳动争议仲裁委员会管辖。

（3）仲裁当事人。发生劳动争议的劳动者和用人单位为劳动争议仲裁案件的双方当事人。劳务派遣单位或者用工单位与劳动者发生劳动争议的，劳务派遣单位和用工单位为共同当事人。

（4）仲裁程序。申请人提交书面仲裁申请，劳动争议仲裁委员会在收到仲裁申请之日起 5 日内决定是否受理并通知申请人。对于不符合受理条件的，应当书面通知申请人不予受理，并说明理由。对于符合受理条件的，依法受理并进入开庭裁决程序。

当事人申请劳动争议仲裁后，可以自行和解。达成和解协议的，可以撤回仲裁申请。

仲裁庭在作出裁决前应当先行调解，调解达成协议的，仲裁庭应当制作调解书。调解书经双方当事人签收后，发生法律效力。调解不成或者调解书送达前，一方当事人反悔的，仲裁庭应当及时作出裁决。裁决书应当载明仲裁请求、争议事实、裁决理由、裁决结果和裁决日期。裁决书由仲裁员签名，加盖劳动争议仲裁委员会印章，并送达仲裁当事人。对发生法律效力的调解书、仲裁书，一方当事人逾期不履行的，另一方当事人可以向人民法院申请执行。

裁决劳动争议案件应当自劳动争议仲裁委员会受理仲裁申请之日起 45 日内结束。案情复杂的经劳动争议仲裁委员会主任批准后可适当延长，但延长期限不得超过 15 日。逾期未作出仲裁裁决的，当事人可以就该劳动争议事项向人民法院提起诉讼。

小结与思考

法治中国的建设需要在全社会形成融洽和谐的社会关系，而劳动关系是当今社会经济生活中最基础、最重要的社会关系。劳动关系和谐与否，不仅关系到劳动者及其家庭的幸福安康，更关系到经济的发展与社会的稳定。从这个意义上说，劳动关系是社会和谐的风向标和晴雨表。

作为新时代的技能劳动者，不仅要有出色的专业才能、优秀的道德品质，还应具备一定的法律素养，知法，懂法、守法、用法、护法，学会运用法治思维和法律方法思考、分析和解决矛盾，通过合法有效途径快速化解矛盾纠纷，从而将更多的精力投入企业生产经营过程中，为社会创造更大的财富和价值。

以下问题值得我们探究和思考。

1. 请列举劳动合同的必备条款有哪些。
2. 请思考什么情况下用人单位可以单方解除劳动合同。
3. 请思考劳动合同解除后劳动者有哪些义务。
4. 请思考出现劳动纠纷后劳动者维护自身合法权益的途径有哪些。

第9章 培养良好的心理素质

第1节 人贵有自知之明

微故事导入

宋彪：厚积薄发 问鼎世界

阿联酋当地时间2017年10月19日晚，当第44届世界技能大赛颁奖仪式从优胜奖到金牌颁奖完毕时，世界技能组织主席西蒙·巴特利走上颁奖台，庄重地宣布：本届大赛“阿尔伯特·维达大奖”得主是中国选手宋彪。

获奖选手宋彪当时是江苏省常州技师学院机械工程系5年制模具制造专业的学生。当初来到技师学院，第一次代表班级参加学校技能节比赛，宋彪名落孙山。他主动找到班主任说：“不要对我失望，我会努力的！”

这句话传到了系主任宋军民的耳朵里，这位业内资深的国家级技能竞赛专家下意识地记住了这个名字。2015年10月，学院组建世赛特训班，宋军民直接点名将宋彪纳入“麾下”。2015年的寒假特别冷，而2016年的暑假又遭遇江苏省气象史上有记录以来的最高温。在没有空调的实训车间里，无论是严寒还是酷暑，特训班学员中坚持到最后的总是宋彪。

厚积薄发。4天共21个小时的比赛，宋彪不但拿到了一块冥冥之中必定属于自己的金牌，还以779分这个所有项目中的最高分从1 268名选手中脱颖而出，冲上技能之巅，成为中国代表团获得“阿尔伯特·维达大奖”第一人。

2019年，作为中国青年五四奖章获得者，宋彪褪去了世界技能大赛冠军和“阿尔伯特·维达大奖”的光环，以他质朴、勤劳、自信、坚强、向上的本性，在平凡的工作岗位上践行着工匠精神。

故事分析

刚进入技师学院，首次参加校级技能竞赛的宋彪有着出人意料的自信，这种自信是支撑他一步步向前的精神根基。正是宋彪对于自身知识、技能、性格的高度“自知”，造就了他的自信。从他成长的经历中我们可以看出，无论在任何一个人生时刻，宋彪都很清醒地知道自己应该做什么、应该怎么做。正是这种对自我的清醒认知，使得宋彪成为夺取“阿尔伯特 · 维达大奖”的第一个中国人。

问题导入

是什么力量驱使宋彪主动找到班主任说：“不要对我失望，我会努力的”？促使宋彪成功的因素除了他的刻苦努力、严格训练和教练的科学指导外，还有什么内在因素？

核心要素

了解自我

定位自我

发展自我

一、了解自我

常言道：人贵有自知之明。这里的自知，就是一个人要知道自己、了解自己，知道自己的优缺点，知道自己行事的尺度是什么，了解自己能干什么、该干什么、不该干什么，从而更好地做到人岗匹配。

1. 全方位、立体化了解自己

我们每一个人既是个体的人，也是社会的人。认识自我一定要全面、全方位，我们要认识自身的躯体、生理活动与心理活动；要认识与自身个体有关的社会属性，如身份、地位等；还要认识自身的社会关系，如父母、配偶、子女、亲戚、朋友等，也就是和自我有关系的存在。这一切都是自我的一部分，都是个体对自身的存在产生满足或不满足体验的根源所在，都会对职业心理产生影响。

2. 观察体验生活

观察体验是了解自我的重要方式。我们每一天既有简单重复的工作生活，也有新的不同体验。我们要做生活的“有心人”，留意观察日常生活中自己的行为举止、语言习惯，在工作生活的细节中留意自己的思想变化、态度做法，必要的时候可以有意识地记录下来，去归纳、总结、发现自我某种特定的行为模式。例如，如果我们身边有记日记习惯的朋友，你就会发现他对人生、职业的态度和看法常有独到之处。

3. 养成自我反思好习惯

自我反思是在观察记录的基础上进行思考。我们可以问问自己，为什么会有这样的行为？这些行为可能给自己带来什么结果？一项工作完成后，可以问问自己是否还能做得更好？曾子说，一日三省吾身。我们要经常性地反思、反省自己。工作中更应如此，一个人能经常性地对自己的工作能力、职业发展方向进行思考，他就会对自己的能力、所处的环境有明确的认识和准确的判断，对自身的职业发展也就有了清晰的追求。

典型案例

目标坚定的高凤林

1978 年，高凤林在技工学校读书时，一位航天集团的焊接工程师来校授课，对全班同学说："在数学界，有个哥德巴赫猜想，被称为数学皇冠上的'明珠'，陈景润为了摘取这颗'明珠'，穷尽了一生的心智，终于发明了'陈氏定理'，成为数学界的英雄。焊接这门技术，入门容易精通难，要成为航天系统的焊工则是难上加难。如果有一天你们当中有人能成为火箭发动机的焊工，那就等于是摘取了焊接领域的这颗'明珠'，那你就是航天领域了不起的英雄。"

这一席话一下子激发了青年高凤林内心深处的"英雄"情结。做航天焊接英雄，成了高凤林的目标追求，一做就是 36 年。从给师傅打下手做起，做到了与众多院士、设计师、工程师同台攻关，拿到了美国 ABS 焊接许可证，做到了中国航天科技集团公司特种熔融焊接高级技师，……

高凤林说，同学毕业十周年聚会时，有的同学下海经商成为百万富翁，有的同学被企业提拔为车间主任……只有他执着于手里的焊枪。但他认为，这就是自己的目标、自己的选择，岗位不同、作用不同，心中只要装着国家、装着事业，什么岗位都光荣。

2006 年 11 月底的一个晚上，诺贝尔奖得主丁肇中的秘书找到高凤林说，由 16 个国家参与的反物质探测器项目，在研制中遇到了工艺难题，希望高凤林前往解决。在高凤林之前，已经来了国内外两拨"顶尖高手"，但设计的项目实施方案都没能通过国际联盟总部的评审。丁肇中请高凤林来，是想找到更好的解决办法。在项目实施论证会上，高凤林一面认真听取承制方的介绍，了解该探测器特殊的结构要求，一面紧张地思索问题的症结。他发现该项目的液流氦具有极强的渗透力，使焊接带来的变形难以克服。最终，他提供了一揽子解决方案，获得了在场专家的一致赞许。既有深厚的理论功底，又有丰富的实践经验支撑，高凤林的方案很快获得了国际联盟总部的认可。

2014 年 11 月，在德国纽伦堡国际发明展上，来自中国航天科技集团公司的高凤林，一举获得三个创新发明项目金奖。他成为中国航天工业系统名副其实、当之无愧的焊工“第一枪”。

案例分析

优秀的技能人才对自己的认知都非常清晰。他们知道自己应该追求什么、舍弃什么；他们清楚该如何坚守自己的理想；他们更知道只有锲而不舍、专心致志，才能在平凡的工作中锤炼自己的才干，施展自己的抱负，实现自己的价值。高凤林是大国工匠的代表，也是一个目标坚定、深知自我的典型，他执着于“做航天焊接英雄”的理想，专注于岗位事业，终于成就了自己。

二、定位自我

世界因不同而美丽，人正是因为有差异而成了每一个不同于他人的独立个体。因此，对于个人而言，也需要在多彩的世界中清晰地定位自我。正确的自我定位就是在自己的群体中找到合适的位置。所谓“合适”应是根据自己的能力量身定制，即在充分自我认知的前提下，既不勉强自己做超出能力范围的事情，又能充分挖掘自己的潜力，将能力最大化。自我准确定位，就可以以理性的态度追求更好的生存状态，从而将个人命运的主动权掌握在自己手中。

在职业领域，定位自我就是进行自我分析，明确自己在技能水平、人际关系、性格习惯、社会经验等方面的优劣势，而后确定自己的职业方位和方向，扬长避短，经营自我。这个时候，我们既要有“天生我才必有用”的自信，寻找自身的闪光点，发现价值；也要有“金无足赤、人无完人”的客观认知，承认自身的不足，努力克服。要想做好自我定位，可从以下几个方面着手。

1. 清楚自身价值点

一个人的价值通过自身的能力和潜力体现出来。技能劳动者个人的价值点包括个人的技能水平，也包括个人在行业中和自己的人生中创造的相关价值。我们要通过对自己的分析，深入了解自身，根据过去的经验选择、推断适合的工作方向与机会，从而彻底解决“我能干什么”的问题。实际上，只有从自身实际出发、客观总结自己各方面的优劣势，我们才能找出自己与众不同的地方并发扬光大。

2. 一线岗位作起点

在职业岗位上，你的才能、技术和社会经验以及自身各项素质，如环境适应能力、压力承受能力等都是影响职业发展的要素。在充分了解自身、了解现实的基础上，要做到脚踏实地，从一线岗位做起，给自己留足成长和发展的空间。这样可以积累经验和自信，为以后的职业发展夯实基础。

3. 明确目标发展点

自我定位的误区往往是人们对自身的发展目标不清楚，常以赚多少钱、做多大官作为发展方向。事实上，职业发展的目标和人生的目标在一定程度上是重叠的，那就是为了追求更好的生活和个体在生活中的价值。因此职业领域的自我定位就是明确自己该选择什么职业方向，即解决“我选择干什么”的问题。总体而言，要坚持所爱、择己所长、择世所需、择生所利，即从自身热爱、发挥自身优势、满足社会发展需求、对生活有利 4 个方面来考虑选择职业方向，确定自身职业发展的目标。

定位自我仅仅是自我发展的起点，在有了正确的定位以后，还要按照定位既定的道路走下去。坚持不懈是人生成功亘古不变的秘诀。

典型案例

甘当“螺丝钉”的“两丝”钳工

顾秋亮，中国船舶重工集团公司第七〇二研究所装配钳工技师，是“蛟龙号”载人潜水器装配组组长。先后荣获“‘蛟龙号’应用性海试先进个人”“全国工人先锋号”等荣誉称号，被评为“第十四届全国职工职业道德建设标兵”“全国最美职工”。

工作四十余年来，顾秋亮对工作兢兢业业，刻苦钻研，一直在平凡的岗位上扮演着“螺丝钉”的角色。他始终认为自己就是一枚“螺丝钉”。凡是交给他的活儿，他总是绞尽脑汁想着如何改进安装方法和工具，提高安装精度，进而确保高质量地完成安装任务。正是凭着这股爱钻研的劲儿，他在工作实践中磨炼了创新意识和解决技术难题的能力。也正因为如此，当深海载人潜水器密封性的精密度要求达到两个“丝”（一丝等于0.01毫米）的难题摆在面前时，人们一下子就想到了他。

于是，顾秋亮带领他的装配组接下了确保潜水器密封性的大挑战。在整个试验和装配过程中，顾秋亮每天都工作到凌晨。除了依靠精密仪器，顾秋亮更多的是依靠自己的经验判断，靠眼睛看、用手反复摸，最终使球体跟玻璃的接触面达到70%以上，达到了密封性要求。因此，顾秋亮又有了一个新的名字“顾两丝”。

案例分析

没有金刚钻，不揽瓷器活。40年的“螺丝钉”角色不是顾秋亮的绰号，而是他给自己的定位要求，他就是要像螺丝钉一样“钉”在岗位，“钻”出难题，攻坚克难，创新突破，在平凡的钳工岗位上创造出不平凡的业绩。

三、发展自我

了解自我反映的是自身当前的状态；定位自我是接纳完整的自己并确认目标方向，发展自己则是用发展的眼光去看待自我，拥有追逐梦想的勇气，不断缩小和理想中的自己的差距。

发展自我靠的是个体的内在驱动。正是内驱力支撑我们培养自信、发挥已有优势、发掘未知潜能，不断完善和提升自我，从而成就自我。发展自我是一个极其艰难的过程，要实现自己的人生目标和理想，就必须正视自身的优缺点，敢于向自己“亮剑”，甚至一定程度上要否定现在的自己。只有不断地挑战自己、战胜自己，才能将隐藏的潜能开发延展开来，走出一条成就自己的道路。发展自我可以从以下几个方面做起。

1. 培养热爱学习的习惯

学习是进步的阶梯，广泛地学习，从身边的人和事中汲取能量，是打好基础、夯实能力的重要途径和手段。只有这样，才能使自己的优势更足，短板得以弥补，距离自己的理想目标也才能更近。

2. 树立一个可追逐的目标

在职业发展中，我们的目标设定要具体、可追逐，比如技能水平的提高、人际关系的改善等。然后，结合自身的情况去判断目标设定是否合理？是否能够实现？自己需要怎样去努力？这样就可以将看似很“虚”的理想具体化，变成每日工作的动力和内容，也就可以在工作生活中不断发展、提升自我，获得持续成长。

3. 要勇敢地去实践

实践是检验真理的唯一标准。我们的学习习惯、追逐的目标都不是凭空就能建立和实现的，美好的愿望不能仅仅存在于意识中。技能劳动者要在生活、工作的实践中不断磨炼，不断地充实、改进、完善自我，最终才能将潜能激发显现，才能实现自我的真正发展。

小结与思考

自知者明，自胜者强。培养自知之明，对于一个人的成长进步尤为重要。曾子说过：“吾日三省吾身”，即每天反复反省自己的言行举止，让自己更完美。先贤的至理名言为我们培养自知意识指明了道路。“自知”告诫我们不能“自傲”，忘乎所以；避免我们走向“自卑”，妄自菲薄；它让我们正确地看待自己，正确地估量自己的对错，明辨是非；准确定位自己的实力，找准自己应该努力的方向，在人生的岔路口做出正确的抉择。因此，培养自知意识，是每个人的必修课。

以下问题值得我们思考和探究。

1. 对技能劳动者而言，需要“自知”哪些内容？
2. 个人“自知”的制约因素来自外部环境还是自我内心？
3. “自知之明”带给我们的启示仅限于职业发展领域吗？

第 2 节 做情绪的主人

微故事导入

坠江的公交车

2018 年 10 月 28 日上午 10 时 8 分，重庆市万州区一辆公交车与一辆小轿车在万州区长江二桥相撞后，坠入江中。车上的 15 名司乘人员丧生。11 月 2 日，公交车坠江原因公布，真相使人哗然。

车内监控视频显示，乘客与司机激烈争执互殴致车辆失控。乘客刘某坐过了站，要求司机停车被拒绝，就开始争执、辱骂，乃至大打出手。随后，司机急打方向导致车辆失控，撞断护栏坠入江中……15 个鲜活的生命瞬间消逝。

公交车坠江，15 人丧生。这起震惊全国的大事件，其起源仅仅是"坐过了站，耽误了下车"。我们看到，事件之所以愈演愈烈、酿成惨祸，就是因为乘客产生的负面情绪，形成错误行为；司机被激怒（情绪），做出回应；其他乘客情绪漠然，事不关己高高挂起……

故事分析

事件令人悲痛，我们禁不住要问，为什么会发生这样的事情？人们又该吸取哪些教训呢？我们相信，公交车司机肯定接受过安全知识培训，乘车人包括事件的引起者——刘某都不会想到会造成如此悲惨的后果。其实，究其幕后"黑手"，就是人的情绪在作祟，控制不了自我情绪的人，最终只会被失控的情绪导向未知……

问题导入

事件的责任在谁？是坐过站的乘客，还是被激怒的司机？事件中，是谁没有管理好自己的情绪导致事件失控？在整个事件过程中，其他乘客的情绪如何？

核心要素

认识情绪
觉察、分析、管理情绪
驾驭情绪

一、认识情绪

喜、怒、哀、乐是我们每一个人都有的基本情绪。每一天，我们都要面对外界的各种刺激，通常都会由此而产生许多不同的情绪，如快乐、满意，也有愤怒、憎恨、哀怨。这些情绪无论好坏，都是人对外界事物的体验和感受，是内心活动的真实表达。有许多时候，个人即使面对同一客观事物，也会因为时间、地点、目的、需求的不同，产生截然相反的情绪感受。

人的情绪是复杂多样的，甚至有时连我们自己都不清楚为什么会产生这样的情绪。在情绪产生的同时，我们的认知、身体反应（表情、动作、语音语调等）、行为等也会同步发生，比如快乐时我们会唱歌、哼曲儿；高兴时走路会加速、轻快；情绪暴躁时会做出激烈的反应，甚至导致严重的后果。

古人把情绪概括为“喜、怒、哀、乐、惧、恶、欲”（七情），现代心理学将其归纳为增力的正性情绪（快乐、愉悦等）和减力的负性情绪（紧张、焦虑、忧伤等），而与这些情绪伴随的往往是我们难以掌控的行为和结果。所以，为了避免情绪失控，我们需要学会管理情绪。

二、情绪管理

提到情绪管理不得不讲情绪商数。情绪商数，简称情商，是指个人对自己情绪的把握和控制，对他人情绪的揣摩和驾驭，以及对人生的乐观程度和面临挫折的承受能力等。

拓展阅读

情商的 5 个主要方面

1. 认识自身情绪，做出正确决定。
2. 科学管理情绪，做情绪的主人。
3. 能够自我激励，乐观积极向上。
4. 识别他人情绪，做到换位思考。
5. 处理人际关系，实现和谐交往。

情商对于人的工作和生活具有重要影响。情商低的人，驾驭不了自己的情感，不能集中精力处理实际问题，从而容易导致自己走向失败的田地；具备高情商的人，更会控制并引导情绪，从而能够更好地运用自身的智力，获取丰硕的成果。提高情商需要从情绪管理开始。

情绪管理要求我们学会觉察情绪、分析情绪和管理情绪。当我们遇到情绪问题时，可以通过适当的方法来调整自己。

1. 凡事有度

情绪的“度”就是它的临界值，达不到这个“度”，情绪就得不到表达；超过了这个“度”，情绪就会失控。情绪的“度”并不是一个固定值，它因时、因人、因地而异，要想找准它、把握它，的确有一定难度。这需要我们不断地感知自我情绪，长期总结个人情绪的发展变化，养成一种情绪管理的心理暗示，逐渐累积情绪管控的意识，最终形成对个人情绪的合理控制。

2. 跳出自己看自己

“不识庐山真面目，只缘身在此山中”。这是宋代诗人苏轼在《题西林壁》中的名句。很多时候我们被情绪左右，其实是陷入了“当局者迷，旁观者清”的困局。因为自己深陷情绪之中，而不能理性地看待，当你跳出自己去观察自己的时候，才能跳出“当事者”，冷静做一名“旁观者”，避免“只缘身在此山中”的高度兴奋和迷惑迷离。所以，认识自我情绪的最好方法是跳出自己看自己，以旁观者的心境，客观地观察和评判自己的言行。当烦躁和焦虑时，先接受它，关照它，使自己尽快平静心境；当自己能量满满、心情愉悦时，赞扬自己的行为，提升满足感，使自己的情绪始终保持在良好状态。

3. 有效地引导情绪

情绪产生是一种必然，情商高手往往善于引导和利用情绪创造价值。当遇到个体情绪变化时，要根据心理发展的规律，通过有效疏导、科学分析、适度控制，将情绪合理化之后转化为积极的信念与行为，而情绪的有效控制和引导会带来理智的思维和行动。

典型案例

小袁的委屈

临近春节，4S 店业务异常繁忙，维修员小袁接到了给李女士新车做首次保养的任务。虽连续工作导致疲惫，但小袁没有丝毫懈怠。约半小时后，李女士前来查看自己爱车的保养进度，恰巧小袁换完机油打火试车。

此时，发动机突然出现严重抖动，小袁立刻查验，认为不是自己操作失误导致。此时，李女士情绪激动、出言不逊，不断质疑是小袁把自己的新车弄坏了。面对李女士的指责，小袁的心情恶劣到了极点，感觉受到了无端谩骂。但观察到顾客的焦躁情绪及对爱车的在意，小袁暗示自己要冷静，否则恶劣情绪只会蔓延，带来更多负面影响，那将得不偿失。为增强李女士的信任感，小袁一边请来更有经验的王师傅共同检查，一边向李女士沟通近期车辆使用情况。最后得出的结论是，发动机抖动是李女士给自己的爱车加低标号油带来的结果。小袁耐心地向李女士讲解了车辆使用基本知识，并免费为她清洗了油路，添加了辛烷添加剂，发动机恢复正常。对于自己过激的言行，李女士也作了自我检讨，并向小袁真诚道歉，获得了谅解。

案例分析

一个不懂得控制自我情绪的人，往往会被情绪所主导，尤其是消极情绪不仅会影响到个人的工作、生活，还会影响到个人的身心健康。在人际关系方面，情绪管理还包括能发现他人情绪的变化，并客观理解、分析纾解，这样是对自己负责，也是对他人的尊重。克制和宽容，能更好地帮助我们调整消极情绪，培养积极情绪。

三、驾驭个人情绪

情绪受到多种因素影响，时有波动，由情绪引发的行为及行为产生的后果多种多样。

1. 常见的不良情绪

（1）失落。当我们的内心期望与现实产生偏差时，就会产生失落的心情，失落越大，消极情绪就越盛，对工作及自身发展的影响也越大。

（2）焦虑。职业中的焦虑感来源于工作环境，更取决于我们的工作心态，其背后隐含的因素往往是自身能力的不足。因此我们不能任由其蔓延，应积极面对。

（3）冲动。冲动是最无力、最具破坏力的情绪，极容易产生敌对和攻击行为，常常让人失去理智，难以控制自身行为，从而造成难以预料的后果。

（4）沮丧。生活中、工作中，我们往往会因为事情进展不顺利而产生悲观失望的情绪，出现精神上的忧郁、烦躁、空虚。这其实是在自尊心极强的情况下，对工作生活中的艰难缺乏准备的体现。

2. 情绪表达的方式

情绪表达就是指人们用来表现情绪的各种方式，目的是纾解情绪，表情、姿态、语言、声调、动作等都是情绪表达的外在形式。作为一个社会公民，情绪表达必须以不伤害别人、不伤害自己等符合社会规范的方式，否则会适得其反。

典型案例

“路怒症”引发的故意伤害案

被告人高某在北京市某小区楼侧路边下车，在其后驾车的姚某摁喇叭催促，高某心生不满，跑到姚某车处与姚某隔空对骂，后二人发展为互殴。在互殴的过程中，高某用拳头击打姚某的左眼眶等处，致姚某左眼眶内壁、下壁骨折，致眼球内陷 2 毫米以上，经鉴定为轻伤一级；姚某用拳头击打高某面部等处，致高某面部皮肤挫伤，经鉴定为轻微伤。随后，高某报警后被民警带回了派出所，姚某则因身体不适前往医院就诊。

北京市朝阳区人民检察院指控高某犯故意伤害罪，向北京市朝阳区人民法院提起公诉。2021 年 4 月 14 日，北京市朝阳区人民法院作出一审判决，认定被告人高某犯故意伤害罪，判处有期徒刑一年。一审宣判后，高某不服，提出上诉。北京市第三中级人民法院裁定驳回上诉人高某的上诉，维持原判。

案例分析

“路怒症”作为汽车时代一个问题，心情烦躁、压力过大、不文明驾驶等都可能引发。因此，让心情“慢下来”，针对不良情绪，自我调节、正确疏导，才能遇事正确处理，否则只会导致不良甚至无法挽回的后果。

3. 情绪调节的方法

要想用正确的形式表达自我情绪，就需要学会调节情绪，积极控制情绪活动并抑制自己的情绪冲动。对于个体而言，掌握基本的情绪调控技巧是情绪管理的必修课。

（1）转移注意力法。有意识地转移话题、换个舒适的环境或把注意力转移到使自己感兴趣的事情上，使紧张情绪得以松弛，如郊游、听音乐、找朋友谈心、看电影、运动等。

（2）自我安慰法。尝试为失落找一个合理的理由，用以安慰自己，如“胜败乃兵家常事”“塞翁失马，焉知非福”等。

（3）自我暗示法。通过语言、行为、想象等方式，对自身施加积极的影响。例如，参加竞技比赛前大喊“加油”；紧张时深呼吸，默念“我不紧张”；用“冷静”“三思而后行”等标语自我提醒等。

（4）转变角度法。换个角度看问题，就会看到不同的风景；换种思维对待身边的事物，就会有不同的感受。能从不利的事情中挖掘有价值的信息，不利的因素也许就会转化成有价值的东西。对于一些自己认为不能接受的事，可以换位思考，以此来帮助疏通情绪。

（5）适度宣泄法。有不愉快的事情发生，适度宣泄是最简单的方法，如向朋友倾诉、大哭、运动等。但切记宣泄的对象、地点、场合和方法要适当，避免伤害自己及他人。

典型案例

善于调节情绪以接受新职位，迎接新挑战

杨华在公司薪酬岗位工作已经 3 年，深受好评。今年 4 月，招聘专员离职，在招聘中没有合适的招聘岗位候选人，但有合适的薪酬岗位候选人。于是，公司领导提出，希望杨华换岗为招聘专员。经过 2 天的考虑，杨华欣然接受，1 个月后在部门会议上他的招聘工作得到了表扬。聊天中，杨华表示，开始的时候他对换岗也无法接受，觉得换岗对自己而言是重新开始，而且自己在薪酬岗位比招聘岗位的工作更有优势。但是，考虑到自己以后的发展需要全面的知识，并且自己性格外向，做招聘也有优势，尝试以后果然比做薪酬更有成就感。

换岗时杨华对自己无法接受的情绪很好地进行了自我引导，没有导致进一步消沉、抑郁的后果。果然，杨华在享受自我实现成就感的同时，也获得了上级的肯定。

案例分析

岗位变动，尤其是被动调整，是职场主要的情绪压力源之一。新旧岗位不仅是工作内容的不同，更有许多问题需要面对，往往会引发情绪波动，影响职业发展。一定的心理弹性和及时有效的情绪引导，能让人尽快接受岗位变化，适应新的工作要求，是职业转换能力和职业生涯发展的有效保障。

小结与思考

个体的职业生涯发展既取决于个人的能力本领，也受限于个人的情商高低。尤其是在竞争激烈的今天，很多时候往往一句话、一个不易察觉的表情变化，都可能变成我们职业生涯的“拐点”。所以，我们要冷静客观地认知自己的情绪变化，觉察它、分析它、认识它，进而驾驭它，不要让自己成为情绪的“奴隶”，而要有意识地引导和掌控情绪，让它成为个体成长的“助力器”。

以下问题值得我们思考和探究。

1. 如何才能科学地审视自身情绪变化？
2. 请思考自己能不能准确判断自我情绪的正负导向。
3. 请根据本节学习内容总结出适合自己的情绪调节小技巧。

第3节 持久和专注地工作

微故事导入

淡泊宁静的顾景舟

顾景舟是当代紫砂一代宗师、壶艺泰斗。2015年11月19日，在北京专场拍卖会上，顾景舟的松鼠葡萄茶具创下9 200万元人民币的“天价”。

顾景舟出身于陶都宜兴一个陶瓷世家，18岁继承祖业，20岁便崭露头角。顾景舟一生惜壶如命，并不是因为他做的壶太值钱，而是因为做一把壶太不容易。20世纪50年代末，古老的紫砂手工艺受到一次严峻挑战。有人提出，用机械化来替代手工制作，顾景舟公开抵制。他认为，若制壶真的搞成流水线，千壶一面，气息、意象、神韵、个性全没有了，那还是紫砂壶吗？为此，他受到了批判，但是，他依然执着地捍卫着紫砂古老手艺的一份尊严。顾景舟一生制作的紫砂壶不是很多，有时好几年才做一批壶。因为从设计草图、选矿、原料制备、技艺加工到烧成等各个环节，他都要亲力亲为，自己不满意的作品就毁掉。

顾景舟的一把茶壶，就可以用来在当地买一套大面积的商品房。但顾景舟还住在一个叫“百家口”的紫砂厂职工宿舍里，面积很小，连个书房也没有。不爱钱的顾景舟，积蓄并不多。

顾景舟认为，始有人格，方有壶格；只有淡泊，才能宁静。这样做出来的壶才会有自己的个性和气韵。这，也许就是他从一个制壶工匠成为一代壶艺宗师的原因吧。

故事分析

诸葛亮说：“非淡泊无以明志，非宁静无以致远。”对于顾景舟来说，淡泊宁静的内涵主要表现在：第一，工作本身就是快乐，乐业本是幸福之源；第二，一念执着，专注于斯，孜孜矻矻，兼济天下。顾景舟用自己的一生有力地诠释了专注、执着的工匠精神内涵。他在制壶的人生中找到了自身价值，也展示了自我价值。

问题导入

从顾景舟的事迹中，我们可以看出他一生致力于做壶、致力于做出一把自己满意的紫砂壶。在他的身上，有很多值得我们思考的地方：顾景舟一生做壶，他会不会产生审美疲劳、职业倦怠？顾景舟的职业价值在于他的壶拍卖出高价吗？

核心要素

应对职业倦怠
找寻职业价值

一、职业倦怠

职业倦怠是指个体在职业活动中所产生的身心疲劳与耗竭的状态。这种疲惫倦怠感往往会随着工作年限的增长而越来越强烈，尤其是当你的职业变化较小，或者从事的工作几十年如一日之时，你的职业倦怠感就会更深。

拓展阅读

职业倦怠小测试

认真阅读下列问题，根据自己的情况，从以下a、b、c、d、e 5项答案中选择符合自己的那一项。其中，a——从未如此，b——很少如此，c——说不清楚，d——有时如此，e——总是如此。

1. 对工作感觉到有挫折感。
2. 觉得自己不被理解。
3. 我的工作让我情绪疲惫。
4. 我觉得我高度努力工作。
5. 面对工作时，有力不从心的感觉。
6. 工作时感到心灰意冷。
7. 觉得自己推行工作的方式不恰当。
8. 想暂时休息一阵子或另调其他职务。
9. 只要努力就能得到好的结果。
10. 我能肯定这份工作的价值。
11. 我认为从事的是一份相当有意义的工作。
12. 我可以从工作中获得心理上的满足。
13. 我有自己的工作目标和理想。
14. 我在工作时精力充沛。
15. 我乐于学习工作上的新知。
16. 我能够冷静地处理情绪上的问题。
17. 从事这份工作后，我觉得对人变得更冷淡。
18. 对某些同事所发生的事我并不关心。
19. 同事将他们遭遇到的问题归咎于我。

20. 我担心这份工作会使我逐渐失去耐性。

21. 面对民众时，会带给我很大的压力。

22. 我常盼望有假期，可以不用上班。

计分方法：

这个测试包括了职业倦怠的三个方面：情绪衰竭（1—8）、低成就感（9—16）、人格解体（17—22）。1—8 题，按 a、b、c、d、e 五档分值依次为 1、2、3、4、5；9—16 题，按 a、b、c、d、e 五档分值依次为 5、4、3、2、1；17—22 题，按 a、b、c、d、e 五档分值依次为 1、2、3、4、5。

将所有题目得分相加除以 22 得到平均分，即代表自己职业倦怠问题的严重程度。1 分代表没有职业倦怠，5 分代表职业倦怠问题很严重。得分越高表明职业倦怠的程度越重。

其实，倦怠感从心理学上看是一种必然产生、存在的情绪，生活和工作的重复性自然会导致新鲜感的丧失。一项针对长期从事某项工作的网络调查统计显示，有 58.6% 的受调查者出现了轻微的工作厌倦，对工作失去热情；有 26.5% 的人出现了中度工作厌倦，需要借助休假或跳槽进行调整；还有 9.1% 的人表示极度厌倦工作。由此看长期从事一项工作的人，或多或少都会存在职业倦怠。

1. 职业倦怠的表现

心理学家研究表明，职业倦怠一般包括以下 3 方面。

（1）情感衰竭，指没有活力，没有工作热情，感到自己处于极度疲劳的状态。它被认为是职业倦怠的核心维度，并具有最明显的症状表现。

（2）低成就感，指倾向于消极地评价自己，并伴有工作能力和成就体验的下降，认为工作不但不能发挥自身才能，而且是枯燥无味的烦琐事务。

（3）人格解体，指刻意在自身和工作对象间保持距离，对工作对象和环境采取冷漠、忽视的态度，对工作敷衍了事，个人发展停滞，提出调离申请等。

职业倦怠是一种不良循环的、对工作具有负面影响的因素。它因工作而起，直接影响到工作状态，然后又反作用于工作，导致工作状态恶化，倦怠感进一步加深。因此，有效地消除职业倦怠，对于提高工作专注度、提升工作绩效有着重要的意义。

2. 职业倦怠的应对

（1）保持良好心态。职业倦怠是不可避免的，也是非常正常的。简单说来就是“心好累、不高兴、我不行”。有了倦怠感首先不能恐慌，要积极面对。我们在前两节讲过自我认知和情绪控制，就是要认清自我价值，掌握自己的优势与不足，预测自己倦怠的征兆，了解自己的主观情绪是否影响了自己的生理和心理变化，然后有意识地去调节自己的倦怠情绪。例如，可以通过积极的心理暗示来稳定情绪、树立信心、增强战胜困难和挫折的勇气。

（2）主动进行归因。对职业倦怠的产生要主动查找原因。大部分职业倦怠产生的原因是缺少正向激励。这包括物质激励，如升职、加薪等；也包括精神激励，类似马斯洛需求层次理论中所说的“爱与归属”“尊重”“自我实现”的需要。很多时候，物质激励和精神激励是交织产生的，例如升职、加薪等物质激励同时也会给我们带来被认可、被肯定等精神上的满足。而当人在工作中长期得不到物质或精神刺激的时候，就容易产生职业倦怠。也有的职业倦怠源自于个人自身的性格特征，例如习惯于随遇而安、主动性不强，自卑感强、不善于沟通等。总之，只有找到职业倦怠产生的“应激源”，我们才能有的放矢，针对性地采取措施。

（3）提高工作效能。不积压工作是缓解焦虑和消除倦怠压力的最有效方法。“今日事今日毕”“现在就行动”，努力提高工作效率，忙而不乱，在自己的工作任务中列出今天最重要的或最急需完成的 3 件事，然后集中心力去做好，有意识地处理好工作和休息的关系。

（4）做出积极改变。一成不变的工作，刻板单调的程序，多年依旧的环境，都会让人产生倦怠。怎么办？小改变引起大变化，我们可以确定新目标、学习新技能、寻找新方法、塑造新形象、激活新乐趣；可以在熟悉的环境中增添新元素，如更新办公室布局，甚至可以换一条陌生的路去上班等。总之，要主动寻求变化，通过外界客观环境的调整实现情绪的好转。

同时，我们可以花一些时间，给自己来一个“减负”大行动：哪些事情是无意义的，及早迅速放弃；哪些工作是可以授权的，毫不迟疑地交给下属；哪些应酬是可有可无的，毫不可惜地拒绝；哪些会议是低效率的，毫不客气地精简；哪些欲望是奢求的，毫不痛惜地放弃。

（5）寻找价值认同。以小我融入大我，以个人汇入集体，增强自身的集体荣誉感和归属感。积极参加团队活动，类似工会职工活动或者学习型班组建设等项目，要主动参与，在活动中提升自信心，切断负面思维，建立正确的自我评价和积极的思维模式。

总之要从身体和心理上克服情绪变化和压力，并掌握一些抗压的实用方法和技巧，提高抗逆力。

拓展阅读

职业倦怠的自我减压

1. 悦纳自我，完善自我

职业倦怠在很多情况下是一种“能力恐慌”。这就需要我们认识自我、悦纳自我、调整自我，建立良好的自我意识。要求我们充分地、客观地、清醒地认识自己，正确地分析、评估自己的能力和自己所处的环境，根据自己的特征和优势，扬长避短，恰当地确立自己的奋斗目标和发展方向。在挫折中不断地完善自我、不断地丰富自我、不断地创造自我，迎接“能力恐慌”的挑战。

2. 改变看法，清除“垃圾”

在工作中有一些起伏是正常现象，没必要太在意，也没必要对自己太过苛求。只要有正确的态度，就能化沮丧、挫败为乐观、自信。要学会适当地调适自己的心理环境，定期清除“心理垃圾”，有意识地集聚内心的能量，使自己能够以更好的心态去面对未来，而不是以消极的态度对待倦怠，让个人心绪长期沉浸在“负面情绪”当中。

3. 挣脱羁绊，转化危机

正如生活中并不缺少美，而是缺少发现美的眼睛。工作中也并非缺少乐趣，而是缺少体验乐趣的心情。我们要从思想上接受职业倦怠存在的合理性，不让心理危机扩大，进行理性思考。要认识到危机亦是转机，遇到困难，产生压力，有可能是因为自己的能力不足，因而整个问题处理的过程，也就成为增强能力、成长发展的重要机会。倦怠和为挣脱倦怠的羁绊所付出的努力，能够增强生命的张力，使其更有层次、更加多元化。从这个角度来说，职业倦怠不但不是“世界末日”，或许还是一个令人惊喜的转折点。

4. 目标转移，心情放松

当我们因缺乏控制感而丧失工作热情的时候，当我们因目标不清而丧失承受挫折能力的时候，当我们因工作矛盾和冲突而心烦意乱的时候，这些不良的情绪会使我们在倦怠的泥沼里越陷越深……最好的办法就是及时转移注意力，强迫自己注意工作以外的事情，使情绪放松。可以抽出一些时间，松弛紧绷的神经，舒缓疲软的筋骨，通过发展兴趣爱好、进行体育锻炼等方式，提高机体的活力和适应能力，使自己保持愉悦的心情和积极向上的生活态度，以轻松的心态面对职业倦怠。

二、职业价值

人类社会发展到一定程度便出现了社会分工，从社会发展进程来看，任何职业的劳动都有一定的意义。各种职业只有分工不同，没有高低贵贱之分，都是为人民服务。同时随着社会的发展，劳动形态、职业生态日益复杂，任何一种职业所从事的劳动都很难简单地划分为脑力劳动或体力劳动，手脑并用是职业发展的趋势。

职业价值，是指从事某方面工作能够体现出的或通过职业本身能够表现出的人的自我价值。它体现为个人对自己职业意义、发展、目标的认识，支配着个体在职业中的行为、态度、信念等，并最终影响着个体对于职业活动的判断。

典型案例

三个石匠的故事

一座大厦正在修建中，一个心理学家来到现场，对正在忙碌的石匠进行访问。

“请问你在做什么？”心理学家问遇到的第一位石匠。

“在做什么？难道你没看到吗？我正在用这个笨重的铁锤，来敲碎这些该死的石头。而这些石头又十分坚硬，害得我的手酸麻不已，这哪是人干的工作？”石匠没好气地回答。

心理学家又找到第二位石匠，问他：“请问你在做什么？”

“为了每天的工资，为了一家人的温饱，我才做这件工作，要不然谁愿意干这份敲石头的粗活？”第二位石匠无奈地答道。

“请问你在做什么？”心理学家问第三位石匠。

第三位石匠眼光中闪烁着喜悦的神采：“我正在参与兴建这座雄伟华丽的大厦。落成之后，这里可以容纳许多人。虽然敲石头的工作很辛苦，但当我想到，将来会有很多的人来这儿，心中像喝了蜜一样甜。”

案例分析

有的人总是对自己的职业现状不满，牢骚满腹，见异思迁。这样的人其实是很可怜的，他们不能从工作中找到快乐，更谈不上有工作的成就感。结果只能是精神疲惫、郁郁寡欢、消极堕落、碌碌无为。相反，那些热爱工作的人，即使他们的工作的确是简单、单调、乏味的，他也能够像故事中的第三位石匠一样，从简单中看到深刻，从单调中寻找到快乐，从乏味中体会到幸福。

职业的价值不仅在于它是解决生计的饭碗，更在于职业能给予人一个可以想象的未来。工作的意义在于挖掘、赋予它新生。故事中第三位石匠就是超越了职业本身的内容，而赋予了它新的存在价值，因此他能体会到快乐与幸福，而另外两位石匠则只能是怨恨与无奈。其实，职业倦怠这种情绪归根到底是人在机械地重复和不变的环境中应激产生的，其根源是忽略了人本身的情感属性，而异化为“职业工具”的恶果。因此，提高工作的专注力，不断挖掘工作的价值和意义，取得进步，是有效控制职业倦怠的重要方法。

小结与思考

职业倦怠是人的一种心理状态，它是个体在职业活动中极易出现的主观情绪，是每个人职业生涯都需要积极面对的成长“难题”。出现职业倦怠，我们要冷静对待、客观分析、积极调整，要着眼于职业价值、个人价值去关注和审视自身的职业发展，不要被倦怠情绪左右，更不能在情绪爆发时做出不理智的决定。

以下问题值得我们探究与思考。

1. 回顾自己的职业经历，有没有产生过职业倦怠？你是怎样调整的？

2. 你觉得自己的职业价值何在？你思考过因为自己的付出，为大众、社会、国家带来了什么吗？

第4节 从容应对职业危机

微故事导入

遇到职业危机的夏先生

伴随着市场经济的进一步发展，职业竞争越来越激烈，很多时候，劳动者无论愿意与否，都不自觉地卷入其中，尤其是突如其来的社会环境变化、政策调整，还有不可预见的自然灾害等，都会使劳动者的职业危机四伏，甚至失去职业发展的机会。某旅游公司从事导游工作的夏先生，在业界已算小有名气。因为希望建功立业，所以他无论工作、学习都格外投入、卖力，去年还获得了全市导游员大赛一等奖。本来以为自己在导游行业也算是炙手可热的人才，在职场竞争中可以立于不败之地，得到更多的发展机会。然而，疫情的暴发，对旅游业可谓是灭顶之灾，原先的客户纷纷退单，旅游出行样样受阻。原本看似光明的行业前途，一下子陷入了寸步难行的窘境。"这是怎么了？"夏先生对未来茫然了。

故事分析

其实，类似夏先生这样的劳动者不胜枚举。有很多人工作不可谓不认真、不努力，也都在自己的行业里走在了岗位前列。但突如其来的社会环境变化，让大家的职业生涯蒙上了阴影。

问题导入

职业危机是由什么造成的？年龄、性格还是技能？我们在面临职业危机时应该采取什么措施？

核心要素

认识职业危机

应对职业危机

保持危机意识

一、认识职业危机

职业危机一般受外部环境变化或者个人发展瓶颈影响而产生，指个人在职业生活中面临的不适应状态。这种状态往往会影响个人职业生活，对现有职业发展造成阻碍和制约，甚至导致失去职业。在经济飞速发展的今天，职业转换很快，有的职业会随着社会发展而消亡，也有的职业会应运而生。新的职业有新的素质和技能要求，如果仍然固守原有的职业观念，就有可能在社会发展中掉队。

一般来说，根据职业危机产生的阶段，可将职业危机分为以下几个阶段和类型。

1. 第一时段：定位危机

这一时段为刚从学校毕业、开始步入职业岗位的时期。大多数毕业生面对眼花缭乱的职业和岗位，在感到“外面的世界很精彩”的同时，会迷失方向，不知道如何选择。发生定位危机的毕业生可能会走向两个极端：一是过于自卑，二是自视甚高。由于初涉人才市场，没有市场求职经验，在市场上遭遇不顺，便容易产生自卑，失去信心。而自视甚高的那部分毕业生对工作单位、岗位职务、福利薪酬都会有过高的要求，因此，在求职过程中也很可能遇到挫折，从而陷入无业可就的境地。

2. 第二时段：职级危机

这种危机可能产生在工作了一段时间之后，特别是进入而立之年之后。这一时段，劳动者的职业生涯可能已如愿取得应有的进步，升入更高的职级，也可能进步得较为缓慢、不理想。如果不能正确处理这个危机，就可能产生一些心理问题，甚至用不正确的方法和方式来应对。

3. 第三时段：方向危机

到了职业生涯的后段，有可能会产生职业生涯的第三时段危机，称为继续前进的方向危机。因为到了这个时段，很多知识和技能容易固化，一味依靠固有的经验工作，面对新技术、新技能便无法适应。这个时候，劳动者往往会为方向不明而感到困惑，对于如何改进提升也会产生种种问题。应对不当，甚至可能失去工作岗位。

典型案例

胡建钢：入职就“不满意”的技能大师

在焦化厂备煤车间配料生产现场，常常有一个消瘦的身影在研究和琢磨着问题，他时而观察配料皮带秤的运行情况，时而对配料数据的准确性进行思考。他就是方大特钢科技股份有限公司自动化部自控车间热工仪表岗位高级技师，南昌市第二届“洪城技师”称号获得者胡建钢。

胡建钢是技工学校电工专业毕业的，刚入职时，却被分配到公司从事自动化仪表维护工作。专业不对口，胡建钢心里不是很满意，但经过自我心理调整，勤奋敬业的他认为不论从事什么工作都要尽力做好，干一行就要爱一行。他边学边干，自学热工仪表及自动化技术、向有经验的老师傅请教、认真做好记录和总结，积累经验，很快就成了仪表自动化维护工作的骨干。

一天，检测中心有一台价值 25 万多元的 PODS 颗粒仪出现故障，反馈厂家后，厂家回复说需要邮寄至美国进行检测维修。当胡建钢得知此消息后，主动请缨，打算试着解决这个问题。他对设备进行仔细观察和研究后，进行解体检查，最终判断是该设备的控制面板损坏，于是向设备厂家提出邮寄配件过来的要求。厂方以拒绝用户自行更换为由，不予邮寄配件，坚持要求返厂维修。遇到了困难，胡建钢没有退缩，他想继续钻研，相信一定能自行解决。他摸清了控制面板内部线路的走向，自行设计按钮矩阵线路图，从网上自费购买相关配件进行组装。经过运行测试，达到了原厂薄膜按键效果。经生产单位使用，完全符合使用要求，成功为公司节约了设备维修和采购费用。

在职业生涯的后期，作为方大特钢自动化技能大师工作室领办人，胡建钢继续前进，积极带领部门技师搭建起了自动化 PLC 实验检测平台，为技术研究、创新、教学等提供交流场所。近 3 年以来，工作室累计开展小改小革、技术攻关等 289 项，为公司创造经济效益 300 余万元，工作室也连续 4 年被公司评为优秀技能大师工作室。

作为一名高级技师，胡建钢深深地感受到新设备、新技术不断涌现，只有继续努力奋斗才能跟上时代步伐。

案例分析

刚入职时，胡建钢面对的恰恰是职业"定位危机"。专业不对口意味着基本告别自己之前所学的知识，一切从头开始。可喜的是，他及时进行心理调整，将学习作为化解职业危机的重要手段，通过理论自学、请教师傅、个人钻研，一步一步成长为自动化仪表技能大师。他应对职业危机的做法值得我们学习借鉴。

二、应对职业危机

职业危机的出现往往与职业环境变化相关，但同时也与个人自身素质和能力的适应性相关，我们要从主观因素方面积极应对职业危机。

1. 加强学习、更新知识

要时刻关注经济社会发展的趋势，以及自己工作领域的技术、技能发展变化的趋势，树立终身学习的理念，不断更新和强化自身的知识和本领。不能满足于固有的经验、吃老本，要不断学习新技术、新技能，跟上时代发展的步伐，适应企业生产方式变化和技术进步的要求。

2. 努力提高专业能力

专业能力的增强，意味着不可替代性的增强。不可替代性越强，职业才会越稳定。专业能力主要体现在两个方面：其一是人无我有，其二是人有我优。

当前和今后一个时期，我们将长期面临结构性就业矛盾，新技术革命对产业升级和劳动者素质提出新的要求。在这样的职业环境变化中，增强专业能力才是应对危机的正确“加持”。劳动者可从实际出发，主动积极参与技能提升培训，不断强化自身专业能力，为职业发展赋能。

3. 解决好职业危机带来的心理问题

工作是生活的一部分。职业危机大都是过渡性的，能给人成熟和自我发展的机会，绝大多数人都能够正确应对。即使失去了原有岗位，大部分人也都能够正确对待，转岗转业，从头再来，投身于新的职业。但也可能有些人，面对职业危机时会对自己产生深刻质疑，失望沉沦，不能自拔，如果引发出心理或精神问题，则需要寻求救助治疗，进行积极的心理干预。

三、保持危机意识

常言道，人无远虑必有近忧。我们要想预防职业危机，就必须保持职业危机意识。危机意识不同于职业危机，是指尚未发生的、潜在的、可能对我们的职业带来冲击的一种预判和感知。保持危机意识，有利于我们未雨绸缪，克服职业倦怠，可以激励我们不断学习和提高。

1. 长存危机意识

职业生涯中，要时刻有危机感。要有危机意识，这样我们才能专注于当前的工作、自己的技能和能力的提高，为使自己长期把握职场命运，就要不断进行修炼、提高自己的综合能力，提升竞争力。

2. 不必压力过大

有危机意识，但也不必过于担忧，我们要保持正常的心态。如果压力过大，整天处于惶恐不安之中，危机意识就会走向反面，反而对职业发展不利。我们要意识到危机并不可怕，只要努力提高自己，不断提高本领，就能够从容应对，“危”就能够变成“机”。

3. 做好职业规划

围绕自己的职业能力，做好自己的短期和长期职业规划，长期规划是大的方向和目标，避免迷茫；短期规划是行动指南，避免失去行动路径。

4. 平衡工作与生活

从长期来看，要平衡好工作和生活的关系，做到张弛有度。几十年的职业生涯是长跑，而不是短跑，我们要保持一定的速度不能中途停下，也不能用力过度，造成后继乏力。

小结与思考

职业危机可以说是每个人职业生涯中都会遇到的困境，其产生既有市场变化的客观因素，也有个人不适应时代发展的主观原因。我们只有客观认识自身面对的职业危机，时刻保持个人职业生涯的危机感和危机意识，提升自我能力、充实个人价值，不断适应新时期、新征程的发展要求，才能实现危机转化，在危机中育新机，在变化中求发展。

以下问题值得我们探究和思考。

1. 你认为自己当前的职业发展顺利吗？你的职业危机会到来吗？

2. 当职业危机来临时，你能冷静客观地对待吗？你有什么好的方法呢？

第10章

把握我的未来

第1节 新时代、新素质、新技能

微故事导入

从技校里走出的“大国工匠”张全民

张全民是河南平高集团有限公司高级技师，中华技能大奖、中国高技能人才楷模、全国技术能手获得者，享受国务院特殊津贴。

知识铺就成才路。张全民爱看书，好琢磨问题。无论是铣床、刨床、镗床，还是厂子的其他设备，张全民都想驾驭，刨工、钳工、焊工、磨工、电工……每个工种他都感兴趣。他认为作为一个想在本专业领域、本职业范围有所建树的人，不能停留在“小圈子”里，而应博闻强记。除了本专业的理论，与机械加工有关的理论知识，他都尽自己所能去掌握。

爱学习才能有作为。张全民从事机械加工工作20多年来，凭着对事业的执着追求，努力学习新知识、新工艺，刻苦钻研新技术，练就了一手过硬的技能。他不仅对普通车床了如指掌，还能熟练操作5种国内外最先进的数控机床，成为机械加工名副其实的“多面手”和专家。

换岗位再谱新篇章。2009年6月，张全民被调整从事技术管理工作，他紧盯国际先进加工技术，推进多种新技术在本企业及时研发应用，使中心导体、精密阀套等零部件的加工效能提高5倍以上。过去，工人在加工有色零件螺纹孔时经常出现“烂牙”现象，出了很多废品，他牵头主持了防“烂牙”丝锥工艺研究项目，取得了突破性成果。研究成果被全面应用于生产后，有效提高了产品质量。

不断学习和务实肯干的精神，让张全民迎来了人生的飞跃。他荣获了第七届中华技能大奖。站在领奖台上，他接受了党和国家领导人颁奖，这是国家对技术工人的最高奖励，也是河南省地方企业职工首次获此殊荣。

故事分析

回顾张全民的成功，他从技校生、初级工到高级工、高级技师，再到拥有多项技术革新成果和发明专利的技术专家，他的每一次成功都是在工作中不停学习、不断提升自我的过程中获得的。他在工作中实现了本领提升、能力提升，最终创造了辉煌的业绩。

问题导入

从张全民的身上，我们学到了什么？踏着张全民的脚步，我们如何才能让自己的人生绽放？

核心要素

新时代新要求
技能人才的自我完善

窥一斑而知全豹，见一叶而知深秋。张全民的成长是我国技能劳动者成长、成才的真实写照，他的经历浓缩了一名普通劳动者到大国工匠的全部发展历程。在其成长、成才、成功的背后是自我能力的不断提升、自我素质的不断完善，最终实现人生的自我掌控。他为我们所有的技能劳动者提供了发展的榜样，是“技能成才、技能报国”

的典范。

当下是知识经济、信息技术飞速发展和全球经济一体化的时代，是一个崭新的时代。新技术、新材料、新产品、新工艺层出不穷，国际竞争已经不单单是企业与企业之间的竞争，而是彼此之间企业网络、企业集群、产业与产业的竞争。能否在竞争中获得优势的内在决定因素是竞争双方知识创新意识与竞争能力的差异。新时代直接带给技能劳动者的考验就是能否快速适应产业转型、产品升级、社会发展对岗位能力提出的新要求。

数字技术给人类知识更新提供了以往时代无法比拟的加速度。我们的工作正在经历快速的变化。许多工作岗位正在彻底消失，一批新的岗位随之兴起。劳动者现有的技能与数字时代的需求不匹配，这成了当今最严峻的挑战之一。因此，推动生产力发展、推动创新和增长，提升技能是关键所在，广大技能劳动者必须从当下做起，更加重视自身学习与发展，以创新、钻研赋能技能革新，适应时代要求。

一、新时代对技能人才提出的新要求

党的二十大报告中提出“引导广大人才爱党报国、敬业奉献、服务人民”；中共中央办公厅、国务院办公厅在《关于加强新时代高技能人才队伍建设的意见》中明确要求，“打造一支爱党报国、敬业奉献、技艺精湛、素质优良、规模宏大、结构合理的高技能人才队伍”。在数字经济、信息爆炸的今天，培养一支具有较高职业素质的技能人才队伍成了新时代的紧迫要求。新时代对技能人才应提出了以下新要求。

1. 提高政治意识

在党和国家事业发展的各个历史阶段，广大技能人才在党的领导下，始终坚定地走在时代最前列，勇担历史使命，焕发主动精神，作出了重大贡献。在新的历史时期，广大技能人才更要在历史发展的脉络中汲取思想养料，用习近平新时代中国特色社会主义思想武装自己，站稳政治立场，提高政治站位，增强“四个意识”、坚定“四个自信”，做到“两个维护”，拥护“两个确立”，弘扬劳模精神、劳动精神、工匠精神，主动对标对表，以大国工匠为榜样，自觉扛起历史重任和政治责任，筑牢对党忠诚的坚实政治根基。

2. 打好科技知识基础

党的二十大提出，要深入实施科教兴国战略。新科技革命的条件下，生产技能和科技知识更加密不可分，没有一定的科技知识基础，就不可能掌握先进的技术技能，无法适应科技进步的要求。因此，新时代的技能人才，不仅要有较高的职业技能，也要有较好的科技知识基础。要充分发挥“主人翁”的作用，自觉加强科技知识的学习，学习掌握最新的前沿科技知识，打好坚实的科技知识基础。要主动参与技术革新、创新创造，将科技知识与生产技能有机地结合起来，做适合时代要求的知识型、复合型技能人才。

3. 强化数字技能

数字经济、智能时代，产业工人、技能人才要用好“互联网 +”技术，加快个人技能与数字技术的融合，在信息化意识、信息化技术、信息化安全等领域加快自身能力提升，以信息技术、数字技术促进产业发展，以数字技能赋能技术创新，以线上线下融合促进自我提升，实现技能人才自我成长新模式，适应现代信息化管理的需求，承担新时代经济发展的重任。

4. 增强绿色环保意识

绿水青山就是金山银山，党的二十大要求“推动绿色发展，促进人与自然的和谐共生”，这是我们破解发展难题、厚植发展优势的指导理念。如今，“碳中和、碳排放”的“双碳”经济已经成为绿色生态文明的焦点，“立足我国能源资源禀赋，坚持先立后破，有计划分步骤实施碳达峰行动”是二十大的明确要求。技能人才要充分适应现代产业发展的新业态要求，有意识地将生态理念融入个人岗位工作，这既是保障我国能源安全的行动，也是广大技能人才践行党中央要求的具体实践。

新时代对技能人才提出的新要求还有很多，随着科学技术的进一步发展和时代的变迁，广大技能人才要主动担当，提高职业素质，完善自我，适应变化。

二、技能人才的自我完善

打造一支高素质的知识型、技能型、创新型劳动者大军是我国技能人才队伍建设的目标。作为一名一线技能劳动者，在时代的召唤面前，必须不断提高自我学习力，提升岗位本领，实现自我完善，快速成长为一名合格的新时代技能人才，在大国工匠的道路上不断奋斗。

1. 构建自我终身学习的驱动力

提高学习的自主性，主动对标先进，要明确产业发展的市场变化，关注行业企业的前沿动态，及时跟踪了解、收集新技术、新材料、新产品、新工艺的相关信息，汲取关键要素，内化于心，变成为自己的本领。要自觉构建技能劳动者自身的终身学习体系，保证岗位能力、专业能力、职业素质常学、常新、常进、常优。

2. 立足岗位做好自我提升

纵观每一位大国工匠的个人成长，都离不开工作岗位。他们专注、坚持、干一行爱一行，用几十年如一日的学习、奋斗诠释着工匠精神的内涵。广大技能人才要以钉钉子的精神，在岗位上不断钻研、提升，在平凡中谋求突破，把解决现实问题和不足作为提高自身的第一战场，当好“平民英雄”，成为能工巧匠。

3. 积极参加技能培训、评价竞赛、交流学习活动

当前，国家高度重视技能人才队伍建设工作，职业技能提升行动、技能型社会建设、“十四五”职业技能培训规划等促进技能提升的专项政策迅速开展；世界技能大赛、中华人民共和国职业技能大赛以及各省、市、行业企业协会组织的各级各类技能竞赛等技能人才的快速成长通道越来越畅通；中华技能大奖、全国技术能手、技能大师等荣誉的评选和交流活动越来越丰富。这些都为广大技能人才提供了本领提升、个人成长的广阔平台，大家要积极参与、主动作为，在发展中完善自己。

4. 用好“互联网 +”，提升自我复合技能

随着社会智能化水平的不断提升，原先岗位单一的专业技能要求已经远远不能适应现代企业发展需求，发展岗位综合能力成为技能人才新的发展方向。所以，新时代技能人才必须“横向”发展自身专业技能，甚至可以“跨界”发展专业技能。职业生涯的持续性要求我们具有一定的职业转换能力，这也是个人能力复合化的表现。信息时代为我们的学习、个人的提高提供了丰富的资源、平台，打破了时空的局限，大家要充分利用好信息化资源，在信息化环境中通过自主学习的方式，利用信息技术获取知识、技能，有效提升自我终身学习能力，才能在“大国工匠”的成长之路上不断前行。

小结与思考

新时代、新征程、新发展、新业绩。在日新月异、瞬息万变的信息社会，产业工人、技能人才要想立于不败之地，唱响主旋律、新号角，必须提升自我能力和素质，做“岗位英雄”“技能模范”，在时代的洪流中显技能本色、匠心担当，创造价值，推动发展。

打铁还需自身硬。本领恐慌、能力不足是我们每一个时期都要面对的，尤其是知识更新如此快速的今天。技能人才要想在未来社会的发展中立于不败之地，提升本领是永恒的主题，学习、实践是不变的途径。行动起来，用劳模精神、劳动精神、工匠精神去丰盈自己，以提升技能、培养素质来完善自己，将自己融入社会主义现代化建设的历史大潮中，勇立潮头，在奔腾的时代实现价值，创造精彩！

以下问题值得我们探究和思考。

1. 你觉得新时代最应该提升的职业素质是什么？

2. 你对自身能力水平、职业素质是如何评估的？计划怎样提升和完善自己？

3. 信息时代，如何用数字技术为自己的岗位技能赋能？

4. 你是如何理解二十大报告中提出的“学习型社会”“学习型大国”的？个人又该做些什么呢？

第2节 创造是一种快乐

微故事导入

第十六届中华技能大奖获得者的创新故事

在“技能成才、技能报国先进事迹报告会”上，第十六届中华技能大奖获得者马小光、史昆分享了他们的成才故事，关于创造创新，他们这样说……

“我叫马小光，是来自中国兵器工业所属北京北方车辆集团的一名数控铣工。工作25年来，我从一名技校毕业的学徒工成长为中国兵器工业首席技师，荣获过全国技术能手、全国五一劳动奖章、中央企业先进个人、全国劳动模范和中华技能大奖等多项荣誉，拥有以自己名字命名的国家级技能大师工作室。2018年，‘马小光技能大师工作室’成立后，让一线技能员工学习成长有了重要平台，也让攻关创新更加标准和规范。几年来，我带领团队多次承担重大专项任务，在工艺攻关、技能创新、技术改造等多方面取得突破，先后完成新型机电复合传动机构、无人车行走系统等重点攻关项目200余项，取得工艺创新成果30项，获得国家专利20项，创造经济价值上千万元。”

“我叫史昆，来自世界上海拔最高的油田——青海油田。技能成才、技能报国、创新创造，是新时代赋予产业工人的新要求，也是我坚持不懈的追求。2014年，以我名字命名的技能大师工作室成立。以此为依托，我带领团队致力于油井技术创新、降本增效，研究的智能泡排技术、防冻取样阀等72项创新发明成果得到普遍推广应用。其中，经过上百次验证而首创的油井生产故障判断法，在高原油田近2 000口井上成功应用，故障诊断准确率达95%；历经3次版本升级独创的新能源智能加药装置，在国内首次实现泡沫排水作业二氧化碳‘零排放’。我和团队先后获国家专利 15 项、省部级创新成果奖 14 项，攻克高原油田各类生产技术难题近 200 项，累计创造经济效益上亿元。我深刻感受到创新带来的快乐，也更加坚定了技能报国的信心和决心。”

故事分析

创新创造是产业工人、技能人才的本能追求，也是社会科技进步的不竭动力。在技能人才成长之路上，创新创造是永恒不变的主题，也是他们肩负历史使命、承担时代重任的制胜法宝。

问题导入

为什么说创新是第一动力？技能劳动者应该怎样去创新？

核心要素

创新创造能力

创新创造的意义

创新创造的途径

一、创新创造能力

创新就是人们为了达到一定的目的，遵循人的创造活动规律，发挥创造的能力和人格特质，创造出新颖独特、具有社会或个人价值的产品的活动。创新是一个民族进步的灵魂，是一个国家兴旺发达的不竭动力。

创新是突破发展的关键，科学技术迅猛发展引发了社会生产方式的深刻变革。互联网、云计算、知识服务、智能服务等技术的快速发展为个性化制造和服务创新提供了有利条件和环境，柔性制造、网络制造、绿色制造、智能制造、全球制造日益成为生产方式变革的方向，科技创新将不断创造以知识为基础的新工艺、新服务、新产业、新市场。在新知识、新技术不断涌现的年代，创新创造能力已经成为每个职业人必备的核心能力。

拓展阅读

2015 年政府工作报告明确提出，要将“大众创业、万众创新”打造成中国经济发展的“双引擎”之一。自 2015 年起，我国设立“全国大众创业万众创新活动周”，通过搭建“双创”展示平台，推动形成新一轮创业创新热潮，为实现创新驱动发展汇聚智慧和力量。

二、创新创造的重要意义

1. 创新创造是技能人才的本质特征

技能人才是从事创造性劳动的劳动者。千百年来，从鲁班、李冰、马钧、李春到詹天佑，再到今天的大国工匠许振超、高凤林、鲁宏勋等，他们无一例外都是在劳动中不断创造、创新，实现人生价值，在历史上留下了浓墨重彩的一笔。党的十八大以来，党中央多次强调，建设创新型国家，党的二十大报告明确指出，“科技是第一生产力、人才是第一资源、创新是第一动力”，并提出了“健全新型举国体制、强化国家战略科技力量，优化配置创新资源”“提升国家创新体系整体效能”“培育创新文化”等重要论断。这更向我们彰显了创新创造在国家发展中的重要性。技能人才也应当在创新型国家建设中贡献力量。

2. 创新创造是劳模精神、劳动精神、工匠精神的体现

习近平总书记在出席全国劳动模范和先进工作者表彰大会时发表重要讲话强调，要大力弘扬劳模精神、劳动精神、工匠精神。劳模精神、劳动精神、工匠精神是技能劳动者的职业价值取向和行为表现，其基本内涵包括爱岗敬业、艰苦奋斗、精益求精、勇于创新等。其中创新是劳模精神、劳动精神、工匠精神的共同特征之一。传承发扬劳模精神、劳动精神、工匠精神，就需要勇于创新，通过创新创造体现技能人才的作用和价值。

3. 创新创造是技能人才的使命担当和价值所在

幸福是奋斗出来的。新时代是创新的时代，是奋斗者的时代。勇于创新，应当成为每一位技能奋斗者的自觉行动，在平凡的岗位上努力创造不平凡的业绩，用自己的双手创造价值，用自己的劳动担当起推动社会前进的使命职责，在社会的发展进程中感受创造者独有的乐趣。

创新创造对于不同的劳动者群体有不同的要求。技能人才要立足于本职工作，以技能为本，在生产工作一线创新创造，发挥应有的作用；同时积极参与企业的各种创新活动，为企业创新做出贡献。

三、培养创新创造能力的途径

人民群众是历史的创造者，我们每一个人都有着创造的本能，我们每一天都在创造历史、创造未来。每个中国制造先进品牌的背后，都有千千万万专注于技术创新的技能人才，他们用行动诠释着工匠精神，促进中国制造向中国智造的转变，让更多的中国产品在全球市场树立起耀眼的品牌。总结他们的成功经验，培养创新能力的主要途径包括以下 3 方面。

1. 牢固掌握知识技能

在高科技创新驱动社会经济发展的时代，技能人才的工作综合程度越来越高，只有掌握了综合知识并能够灵活运用技能才能在本职岗位上有所创新。例如，自动焊接生产线上的操作人员，既要有焊接的专业知识，又要熟悉自动焊接机器人的性能，还要具有一定的质量控制能力。岗位要求具备的知识与技能不仅涉及焊接技术、计算机控制技术，还涉及物流、品质控制等方面。只有这些方面的知识与技能融会贯通，才能产生创新的火花。

2. 培养创新思维能力

创新思维往往来源于对事物隐藏属性的认识，培养创新思维能力，就是不仅要看到事物的表面属性，而且要看到不易被人注意到的隐藏属性。培养创新思维能力可以从以下几方面入手：培养集中思维能力，即培养利用已有的知识经验和现成方法来解决问题的一种有方向、有范围、有条理的思维方式；培养逆向思维能力，即从相反的角度来思考问题，或是从问题想要的结果分析必须获得的条件，从中推导出解决问题的方法；培养联想思维能力，即培养探索事物之间共同的或类似的规律，从而解决问题的思维方法。

3. 善于发现和解决问题

事实证明，只有善于发现问题才能正确地分析问题，进而解决问题，并使自己在工作中更快成长。可以说，人们只有在遇到问题的时候才能够充分发挥自己的聪明智慧，去细致地分析现实状况，去努力改进不足，从而激发出找到解决问题办法的兴趣，从而诞生出改进的需求并最终使用技术手段实现改进和创新。因此，发现问题是培养创新意识和创新思维的切入点。

典型案例

航天工匠技能报国

刘湘宾，陕西航天时代导航设备有限公司首席技师，全国技术能手、中国质量工匠、航天贡献奖获得者，享受国务院政府特殊津贴。他 40 年如一日扎根航天基层一线，以一丝不苟、精益求精的工作态度，忘我奉献、只争朝夕的敬业精神，善于钻研、矢志奋斗的职业操守，缔造了航天一线技能大师的金字招牌。

刘湘宾担任数控组组长 22 年，带领团队承担着国家防务装备惯导系统关键件、重要件的精密、超精密车铣加工任务。近年来，团队加工的惯性导航产品参加了 50 余次国家防务装备、重点工程、载人航天、探月工程等大型飞行试验任务，均获圆满成功。

2018 年 5 月，刘湘宾带领团队开展了以某型产品零件加工为代表的航天硬脆材料零件超声振动低应力精密加工技术研究；2019 年 2 月完成攻关，首次在行业内实现了球型薄壁石英玻璃的加工需求，此项目为院级工艺技术研究课题，典型硬脆材料零件超声振动精密加工工艺技术的突破，满足了设计指标要求，打通了该型号研制的关键瓶颈。项目研究成果还可推广应用于航空、船舶等重要部件的硬脆材料精密加工，为我国新型防务装备、卫星研制生产提供了技术支撑和保障。他还通过持续创新改进工艺方法，开展了大量试验，成功提高陶瓷类产品的加工合格率达到 95.5% 以上，加工效率提升 3 倍以上。

近年来，他参加国家级、航天科技集团公司技术攻关和课题研究等十多项。自制特种工装夹具及刀具一百余种，先后解决了铝基复合材料等新型材料系列加工难题。

刘湘宾工作室自成立以来，先后完成“半球动压马达柔性制造系统改造”等管理创新、技术创新 18 项；完成攻关成果 8 项，解决生产瓶颈。近年来，工作室累计提出合理化建议 100 余条，涉及生产管理、工艺技术、减本降耗、安全生产等多方面内容，并依据此提出合理化建议优化工艺 50 余项；22 项攻关成果和研究课题解决了公司最关键最迫切的技术难题，创造直接经济效益百余万元。

刘湘宾总是说，我们制造的产品，都是要飞上天的，事关国防安全，产品质量上来不得半点马虎。筑梦太空、问鼎九天。刘湘宾，这位一线技能大师，在历次航天大考中百折不挠，在本职岗位上精钻细研，在技术创新中攻坚克难，用实际行动践行着中国航天的不懈追求：征途漫漫，惟有奋斗。

案例分析

刘湘宾的技能之路，就是传承匠心、不断创新之路。他成就突出，荣誉等身，多个创新发明、专利技能都为祖国的航空航天事业做出了卓越贡献。纵观每一位技能楷模的成长之路都是立足岗位、刻苦钻研、精益求精，科学创新、攻坚克难的写照。在任何时候，我们看到的那些劳动模范、技能榜样总是在难题、难关面前不畏艰辛，以“创新”为武器，不断突破，走向成功。

小结与思考

创造始于平凡，终于伟大；创造者牢记初心使命，追求完美、不断创新。中华民族的伟大复兴离不开技能劳动者的创新与奋斗，离不开技能人才的卓越贡献。广大技能劳动者、技能人才要立足使命意识，充分发挥主人翁的担当精神，传承工匠精神，不断创新发展，以才智和汗水支撑起制造强国、人才强国和科技强国的发展之路。

以下问题值得我们探究和思考。

1. 新时代的征程上，技能人才应该为创新创造做哪些准备？

2. 立足自身岗位，你认为有哪些可以创新突破的地方？